今天，我只做自己

懿婵 绘著

企业管理出版社
ENTERPRISE MANAGEMENT PUBLISHING HOUSE

图书在版编目(CIP)数据

今天，我只做自己 / 懿婵绘著. -- 北京：企业管理出版社，2024.6. -- ISBN 978-7-5164-3083-5

Ⅰ.B84-49

中国国家版本馆CIP数据核字第2024P290N9号

书　　名：今天，我只做自己
书　　号：ISBN 978-7-5164-3083-5
作　　者：懿　婵
策　　划：耳海燕
责任编辑：耳海燕
出版发行：企业管理出版社
经　　销：新华书店
地　　址：北京市海淀区紫竹院南路17号　　邮　　编：100048
网　　址：http://www.emph.cn　　电子信箱：lilizhj@163.com
电　　话：编辑部（010）68701408　　发行部（010）68701816
印　　刷：三河市荣展印务有限公司
版　　次：2024年7月第1版
印　　次：2024年7月第1次印刷
开　　本：880mm×1230mm　1/32
印　　张：6.625
字　　数：64千字
定　　价：49.80元

版权所有　翻印必究　·　印装有误　负责调换

序言

亲爱的朋友：

当你翻开这本书的时候，我感到很荣幸，因为这部绘本正是为你而画的。我希望本书能让你获得勇气和力量！

世界上每个人的人生都不会是一帆风顺的，每个人可能都会经历一些痛苦难熬的日子，遇到的困难和问题也各不相同。

我的人生也曾在漫无边际的黑暗里找不到出口，经历过那些没人懂、没人理解、不被人看见的日子。外界的各种声音，将我淹没在痛苦的海洋里，我觉得自己轻如鸿毛，我讨厌自己、批评自己、否定自己，甚至认为自己不配得到他人的爱，是个彻头彻尾的失败者。

在生活看不到任何希望的时候，是读书让我找到了救赎自己的方式。我时常去书店，在书店里，我读到了很多温暖治愈的文字，这些文字如同救赎心灵的天使，将我从黑暗的深渊里拉回来，让我找到抵达内心的那条路。

在这个世界上，内心痛苦、焦虑和纠结的人有很多，我意识到阅读能让我走出内心的痛苦，而现在身处痛苦中的人们也依然可以。于是我遵从内心的声音，创作了这部《今天，我只做自己》，把我从阅读中、生活中悟到的人生哲理，画成治愈的漫画，写成治愈的文字，让它们尽可能完美地呈现在你眼前，希望你读后有所收获。

亲爱的，不必总是站在过去发生的事情里悲伤不已，因为过去的已经过去了，无论用多长时间去哀叹，都无法改变过去发生的一切，而未来还没到来，又何须担忧呢？我不知道在这个世界上，有多少人处在人生低谷或正经历人生暗淡时刻，只愿我画的每一幅画，写下的每一段文字，都能给你的生命带来爱、勇气和力量，帮助你找到人生的方向和活着的意义，带你走出黑暗，看到世界的美好和光明。

懿婷
2024 年 4 月

目录

1　为什么你不快乐　　　　　　　1
2　外界的评判　　　　　　　　　9
3　扮演的角色　　　　　　　　　15
4　你创造出来的痛苦　　　　　　35
5　痛苦的根源　　　　　　　　　59
6　经营好关系能减少很多痛苦　　75
7　思想创造了你的人生　　　　　93

8	清理心灵的灰尘	103
9	专注内心的需求	111
10	关注自己拥有的	129
11	与身体产生联结	133
12	享受当下的快乐	149
13	觉察生命的指引	167
14	人生只有一件事	179

1

为什么你不快乐

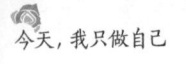

/ 内心的需求没有被满足 /

　　生活繁忙而琐碎。有时候，工作、经济、人际关系的压力让你喘不过气。你疲于应付，完全忽略了什么是自己想做的和想要的，你内心真正的需求无法得到满足。

　　静下来心来想一想，自己内心最想做的是什么？真正想要的是什么？从满足自己的内心需求开始，让自己慢慢快乐起来。

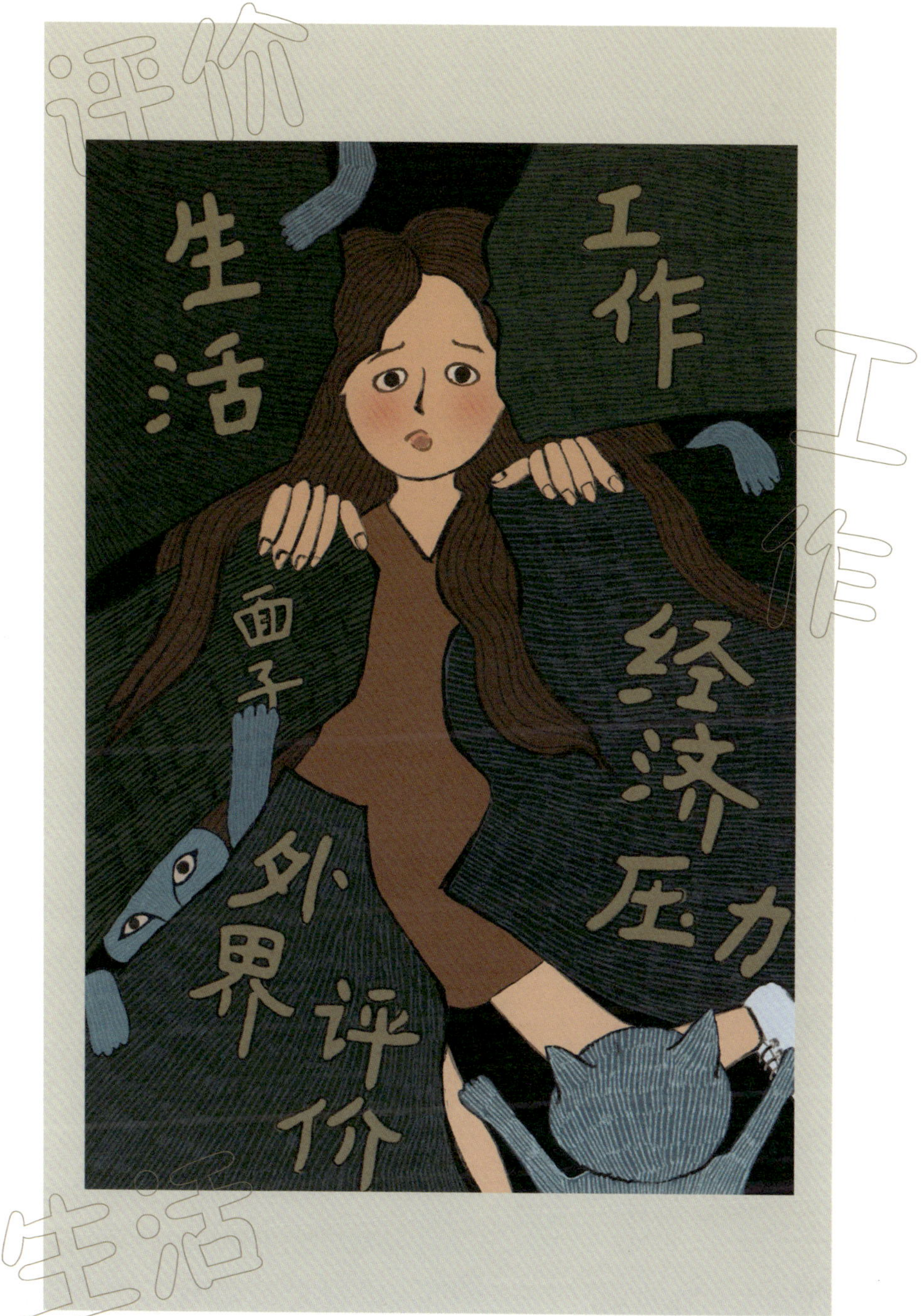
评价
生活
工作
面子
经济压力
外界评价
工作
生活

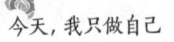

/ 活成了别人期待的样子 /

你的身边出现了各种各样的"过来人",他们企图用自己的人生经验指点你的人生,期待你活成他们想要的样子。

他们给你出主意,建议你这样做或那样做,他们的主意和建议成了你命运的方向盘,让你往北走,你就往北走,让你往南走,你就往南走。

亲爱的,你才是自己人生的主宰,不要做别人眼中的提线木偶,要做你自己。

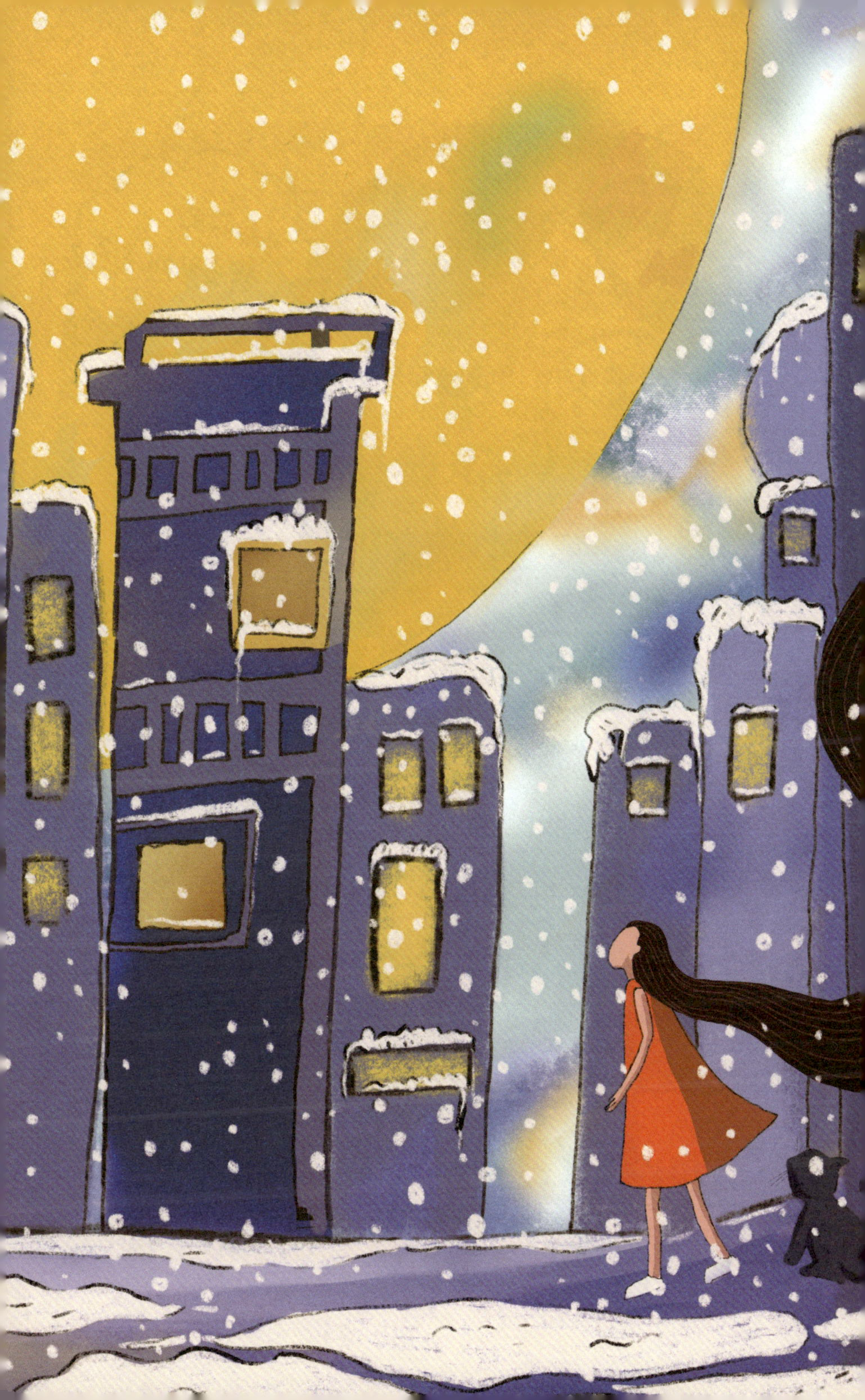

今天，我只做自己

真正的我去哪儿了？

失去自我

不知不觉中,你按照别人的想法过着他们期待的人生。渐渐地,你活成了别人口中的那个人。

此时的你过着自己并不喜欢的生活,夜深人静的时候,总是禁不住问自己:那个真实的我去哪儿了?

/ 内心匮乏 /

你开始浮躁起来，彷徨、迷惘、沮丧、痛苦占据了你的内心，你甚至不知道选择用怎样的方式活着，内心越来越空虚匮乏。

2 外界的评判

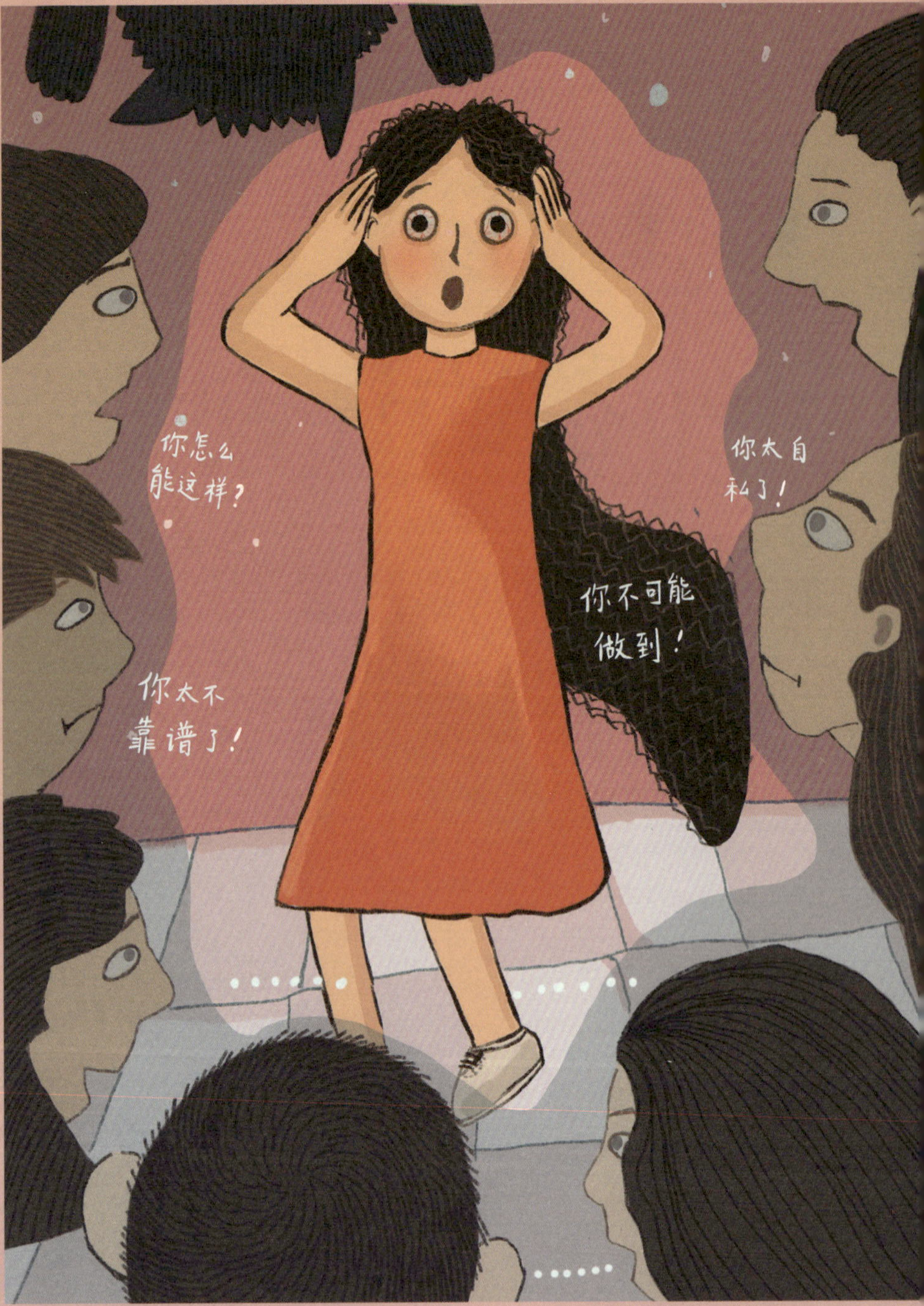
你怎么
能这样？
你太自
私了！
你不可能
做到！
你太不
靠谱了！
……
……
……

/ 听见外界的各种评判 /

  生活中，那些关于你的负面评论，可能会让你心烦意乱。人们说你这里做得不对，那里做得不好，即便是你已经付出了全部的努力去做那件事，也并没有得到肯定与认可。于是，你开始怀疑自己的能力，认为自己做得不够好。我知道，听到这样的评论，你很难过。

  但是，亲爱的，别人的评价和期待，都只是外界的声音，而真正的选择权在你自己手里。

/世界上没有人不被评判/

在这个世界上,没有人不被评判。每个人都有自己的生活方式和价值观,认知水平也不一样。不要在乎那些和你没有关系的人对你的评价,因为他们不需要对你的人生负责,而你要对自己负责。

/ 专注喜欢的事物 /

当你再次听到那些不好的评判时,就戴上耳机,听一首喜欢的歌,专注去做一件你喜欢的事情。这比起听那些不好的评判更有意义。

面对外界评判的两种选择	
选择①	选择②
抱怨	不被外界影响 ✓
愤怒	听从真实的自我 ✓
痛恨	关注美好的事物 ✓
活在评判里	接纳 ✓
失望	允许一切发生 ✓
悲观	

/ 面对外界评判的两种选择 /

用一张纸，画一个两列的表格，列出面对外界评判的两种选择。我想，你现在已经知道该如何选择了。

3

扮演的角色

/ 喜欢你的人 /

你总会遇见一些喜欢你的人。你们在一起的日子,即使不说话,也不会觉得尴尬;你们不见面的日子,即使很久不联系,心中也有彼此的位置。

/ 讨厌你的人 /

你可能会遇见一些讨厌你的人。虽然你们互相认识,但在路上偶遇,他们可能会对你视而不见;你做任何一件事,他们可能都会找到否定、轻视、看不起你的理由。更让你郁闷的是,你们不得不在一起共事。我能理解你的心情。亲爱的,不必因为那些讨厌你的人存在,而放弃你的快乐。每个人都无法做到让所有人喜欢,你也不例外。

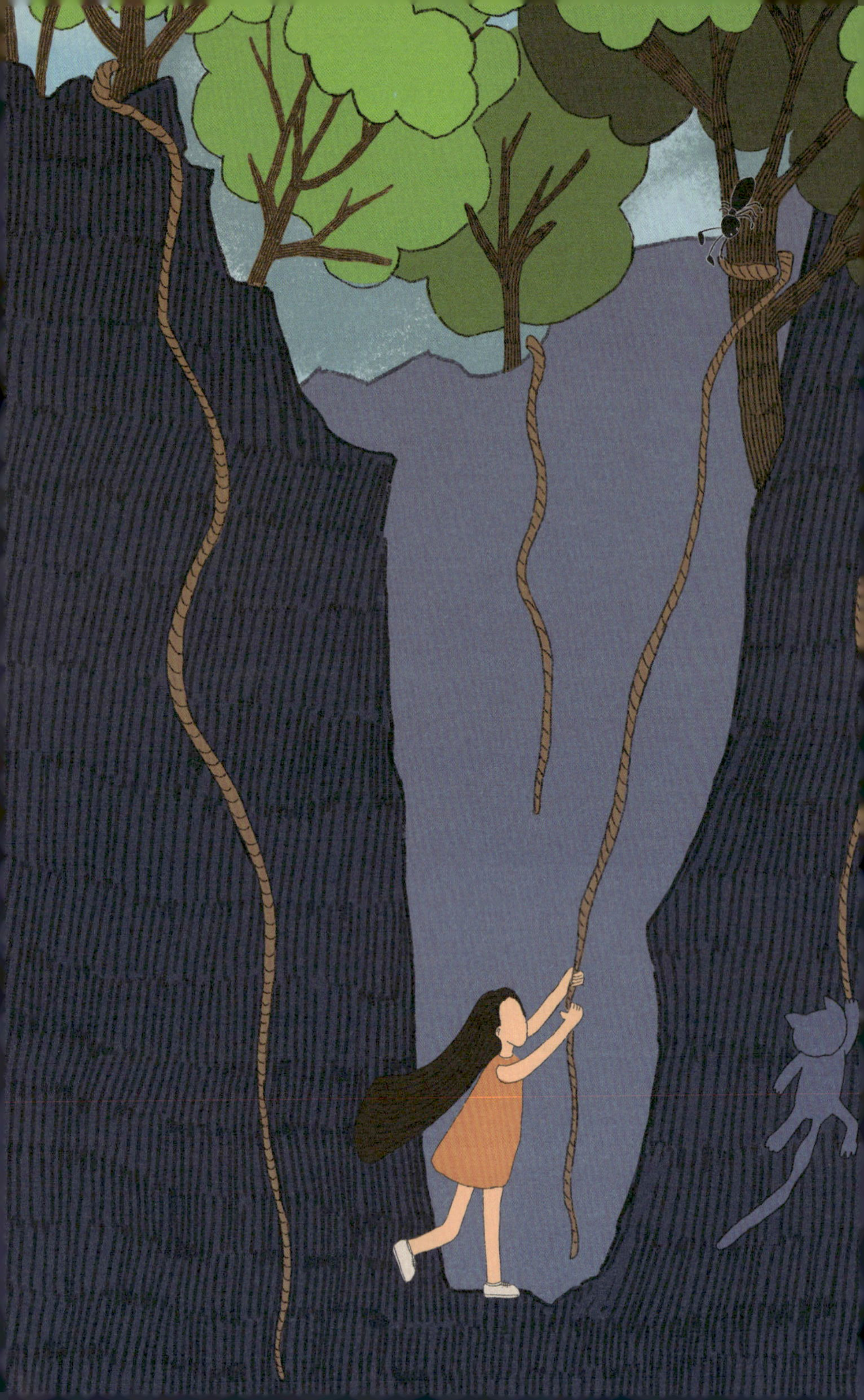

/ 身处低谷时 /

　　低谷是每个人的必经之路。当你身处低谷时,无论朝哪个方向走都是向上。五年以后,对于眼下的困境,或许你可以像讲别人的故事那样,笑着讲给别人听。

/ 一件事坏到不能再坏的时候 /

　　你焦虑的那件事，其实并没有你想象的那么糟。当内心十分焦虑的时候，你可以到大自然中散散心。抬头看看蓝天，或躺在草坪上，看纸鸢在风中越飞越高，看天空中的云朵慢慢散开，随之你的心情也会好起来。一件事坏到不能再坏的时候，就会往好的方向发展。

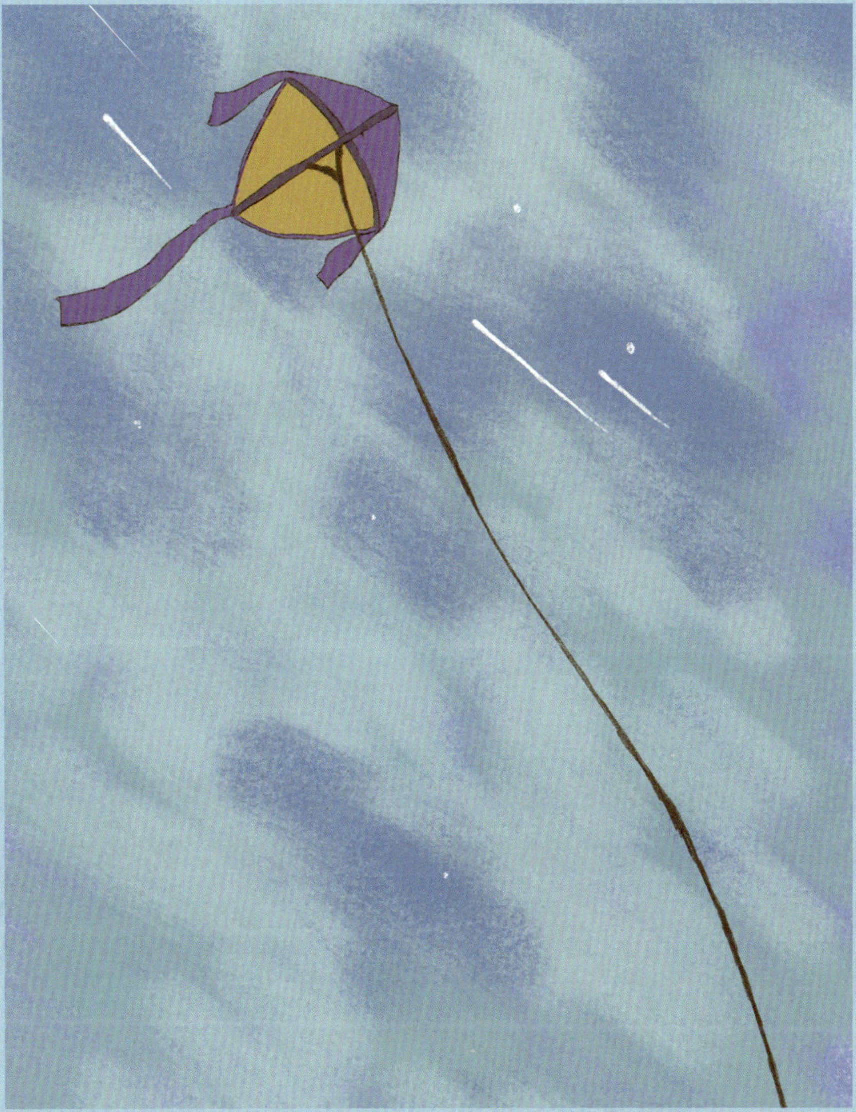

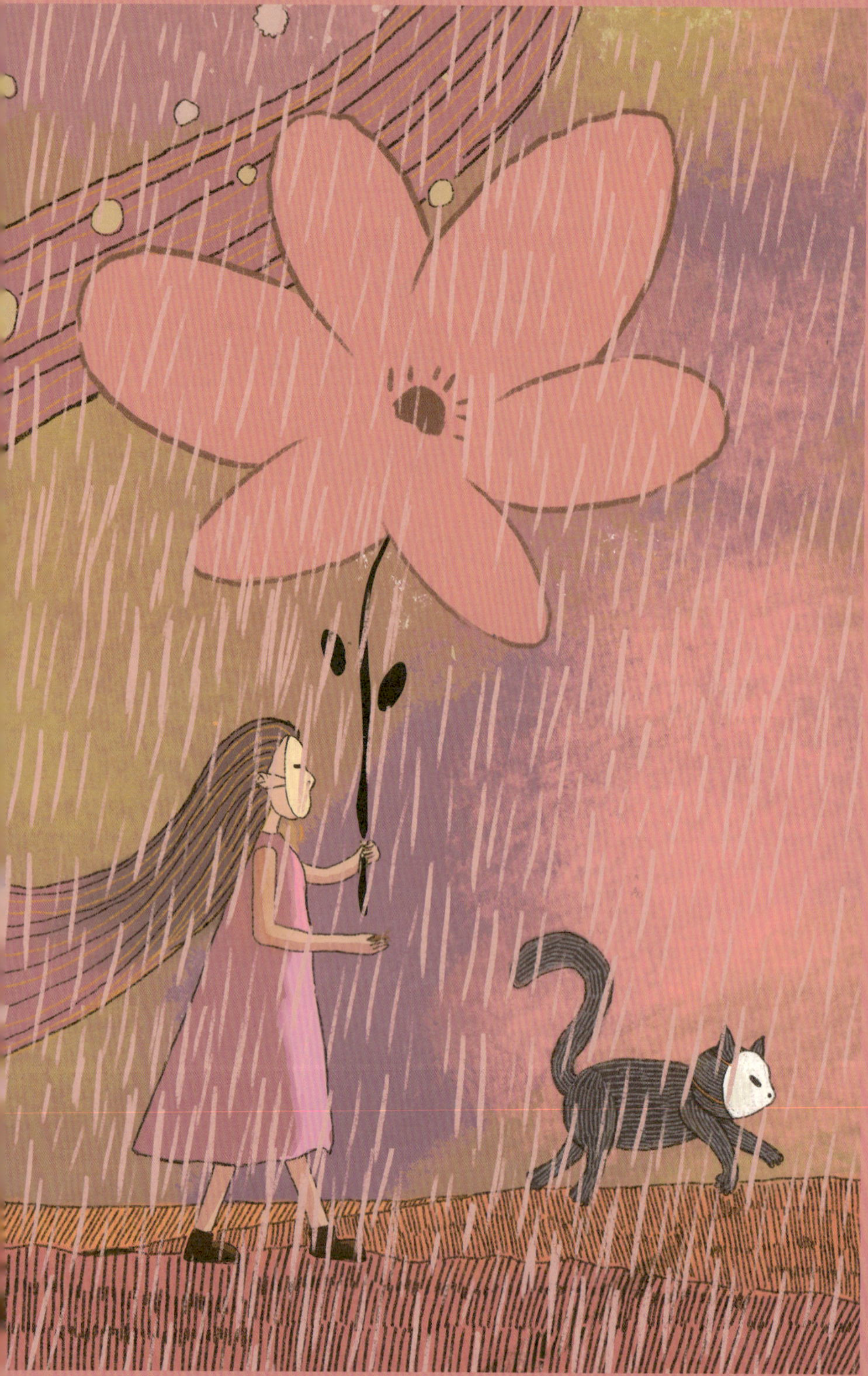

/ 扮演的各种角色 /

生活中,你扮演着各种角色,你努力想成为一个好女儿、好妈妈、好妻子、好老师、好姐姐、好员工……为了扮演好这些角色,你甚至委曲求全、不顾自己的感受去迎合。

亲爱的,你知道吗?在这个世界上,除了你扮演的各种角色以外,你还是你自己,当你把自己照顾好时,扮演的角色自然会成为最好的。

今天，我只做自己

/ 想成为最好的别人 /

如果能成为她该多好！

你永远无法成为更好的别人，只能成为最好的自己。

/ 远离"应该" /

你应该穿高跟鞋。

不要用"应该"来限制自己。脱掉那双不合脚的高跟鞋,选择一双舒服的鞋子吧!

今天，我只做自己

一定要做
完美的自己！

/远离"一定要做完美的自己"/

你努力想把每一件事情都做到极致,把每一个角色都扮演得完美。但不是每件事都能做到完美无缺,不是每个人都能成为完美的人。降低期望值,你将会收获很多快乐。

今天，我只做自己

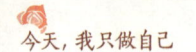

/ 摘下面具 /

摘下小我的面具。

摘下委曲求全、迎合别人的面具，关注自己内心真实的感受。

/ 问问自己 /

站在镜子前,仔细看一看镜子里的那个人,问问她:你违背过你的内心吗?你辜负过自己吗?你做真实的自己了吗?

30

/ 接纳好的或不好的自己 /

从现在开始,不论好坏,全面接纳自己。接纳自己的坏脾气,接纳那个也会犯错误的自己,接纳自己是个普通人。自己变好了,自己周围的世界才会明媚起来。

/ 不再迎合别人的期待 /

从现在开始，不用去迎合别人对你的期待，把关注点转向自己的内心。

成为自己

给自己一个深深的拥抱,对自己说:做自己!

/ 成为自己的四种方法 /

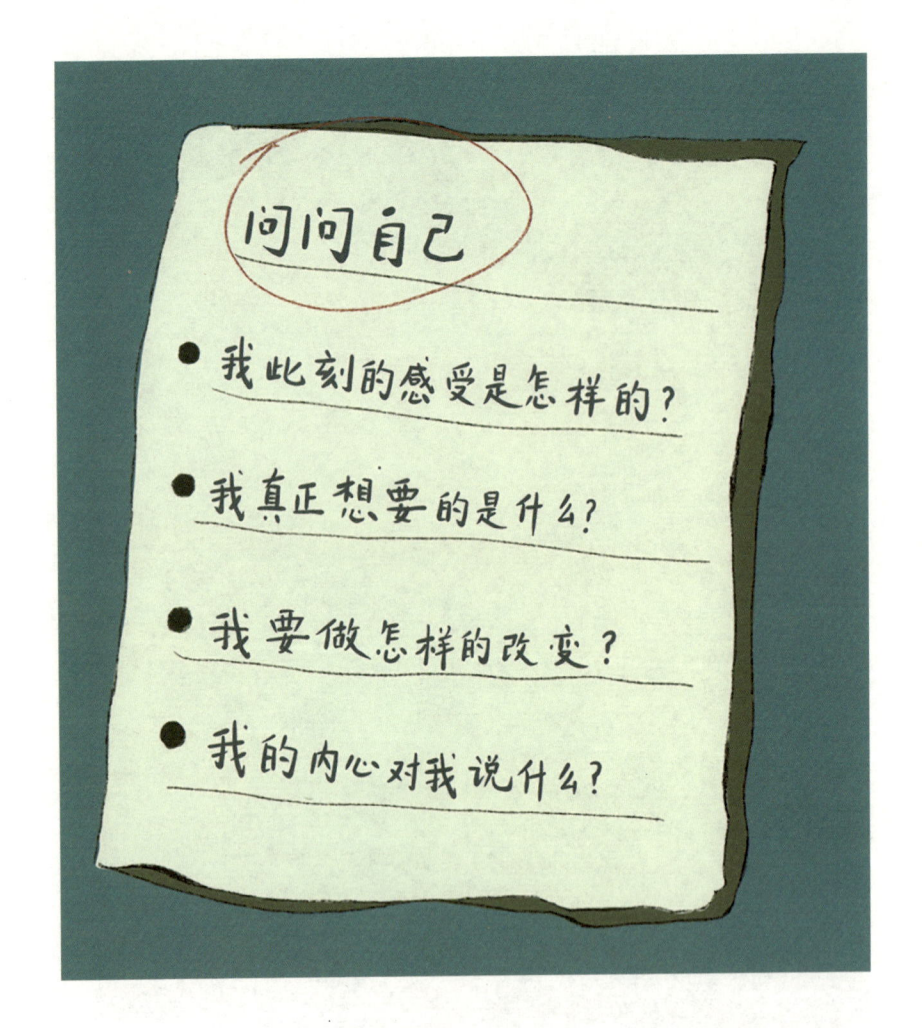

> 问问自己
>
> - 我此刻的感受是怎样的？
> - 我真正想要的是什么？
> - 我要做怎样的改变？
> - 我的内心对我说什么？

　　此刻，从你的书架上或抽屉里，找出一张纸，从笔袋中取出一支笔，在纸上写下四个问题：我此刻的感受是怎样的？我真正想要的是什么？我要做怎样的改变？我的内心对我说什么？然后用心去回答这四个问题。

4

你创造出来的痛苦

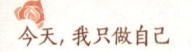

/ 钻牛角尖钻不通 /

生活中，一些人、事、物令你感到纠结和痛苦，你钻进牛角尖，不肯出来，越往里钻越痛苦。

/ 折返出来 /

亲爱的,别再往里钻了,从牛角开口的地方折返出来吧!

你可以尝试把关注点从外界拉回内心,换一种方式问自己:我到底经历了什么?我该做出什么改变?

倾斜的天平

你就像一架天平,如果天平的一端只有负面的情绪,这架天平就会失去平衡,那么你将活在负面的情绪里,生活因此变得暗淡无光。

让天平平衡

你需要在负面情绪的另一端，加上与之相反的正面情绪：爱、幸福、乐观、满足、希望、热情、快乐……只有这样，天平才能保持平衡。

/ 大脑是个作家 /

你的大脑是位优秀的作家,它会根据你的情绪,编出不同的故事。

/ 选择自己的情绪 /

在大脑里有很多情绪按键，这些按键上有正面情绪，也有负面情绪。遇到问题时，你可以选择你所需要的情绪。

/ 正面情绪 /

如果你选择按下"快乐"的按键,那么正面的情绪,会召唤出快乐的精灵,大脑就为你编一个与快乐有关的故事,让你的世界充满阳光和笑声。

/负面情绪/

如果你选择按下"痛苦"的按键,那么负面的情绪,会召唤出可怕的心魔,大脑将编一个令你感到痛苦的故事,让你的世界充满恐惧和焦虑。

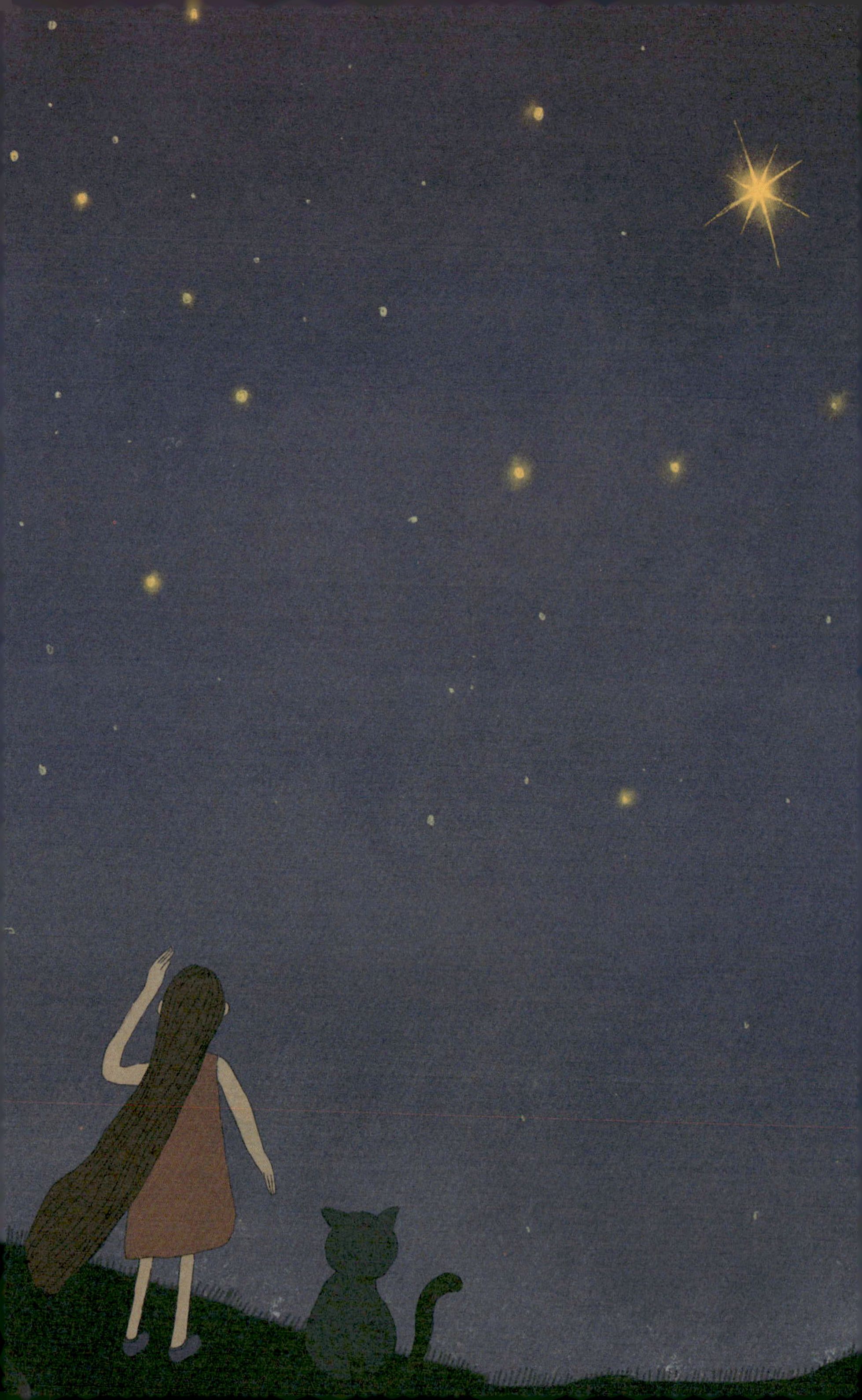

/ 内心投射的外在世界 /

面对一片星空，内心丰盈的人看到的是美丽的星空，内心匮乏的人却抱怨为什么看不到太阳。

所有外在看到的人、事、物，都是你内在投射的结果。

如果你的内在是悲伤的，你看到的将是一个悲伤的世界；如果你的内在是快乐的，你看到的将是一个快乐的世界；如果你的内在装着狭隘自私，那么你将看到一些狭隘自私的人；如果你的内在装着谦虚包容，那么你将看到一些谦虚包容的人出现在你的生命里。

所以，想改变外界的一切，得先改变自己的内在。

不要迷失在外部的世界中

　　也许你常常陷入外在世界的五光十色里，追求外在的成功和名利，外部的一切左右着你的内心和念头，你忘记了身心的健康和内心的平衡。内心的自由和内在的喜悦离你越来越远。

/ 觉察内心的变化过程 /

反观你的内心，审视内在的渴望和需求，觉察内心的变化过程，重新看见心的样子，找回内心的力量。当你不在外部的世界中迷失，你内心的世界才会变得丰富和美好，你才能获得真正的快乐和满足。

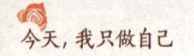

/ 选择在内心种什么种子 /

你的内心是一块肥沃的土地,你在内心的土地上种了什么种子,就会在外部世界开什么花。

你选择种什么？

- 快乐 ✓
- 沮丧 ✗
- 喜悦 ✓
- 幸福 ✓
- 痛苦 ✗
- 乐观 ✓

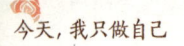

/ 外部世界开出的花 /

不用怀疑,你在内心那块肥沃的土地上种下乐观、快乐、幸福、喜悦的种子,那么乐观、快乐、幸福、喜悦将盛开在你的外部世界里。当然,如果你种下的是悲观、沮丧、狭隘、痛苦,那么这些有毒的花,也会开在你的外部世界中,从而影响你的生活和心灵的健康。

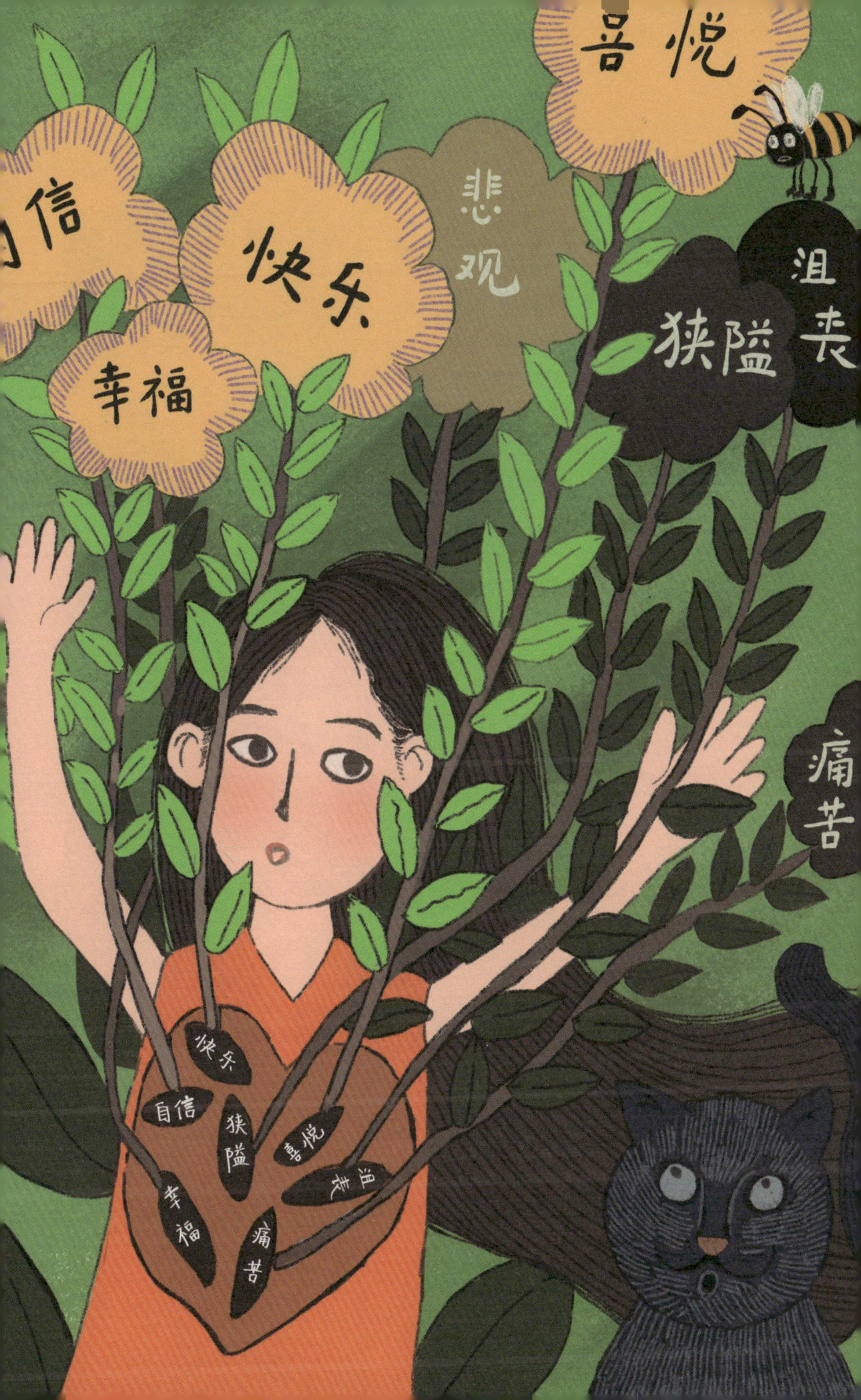

信
快乐
幸福
悲观
喜悦
沮丧
狭隘
痛苦
快乐
自信
狭隘
喜悦
沮丧
幸福
痛苦

/ 房间充满负面能量 /

你可以让家里充满负面能量,但会由此遇见更多的不幸。

/ 负面情绪吸引来霉运 /

如果你的思想是抱怨、痛恨、嫉妒等负面思想，那么，不美好的人、事、物也会被你吸引进你的生活里。

今天，我只做自己

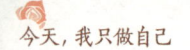

/ 房间充满正面能量 /

你也可以让你的家充满正面能量，由此遇见更多的美好和幸运。

/ 正面情绪吸引来好运 /

如果你的思想是乐观、积极的正面思想,幸运、快乐、美好的人、事、物也会被你吸引到生命中。你的想法决定了你的生活质量。

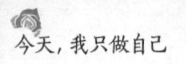

/ 超越空间的同频共振 /

亲爱的,现在把你的情绪调整到正面的思想上,开始吸引美好的人、事、物来到你身边吧!

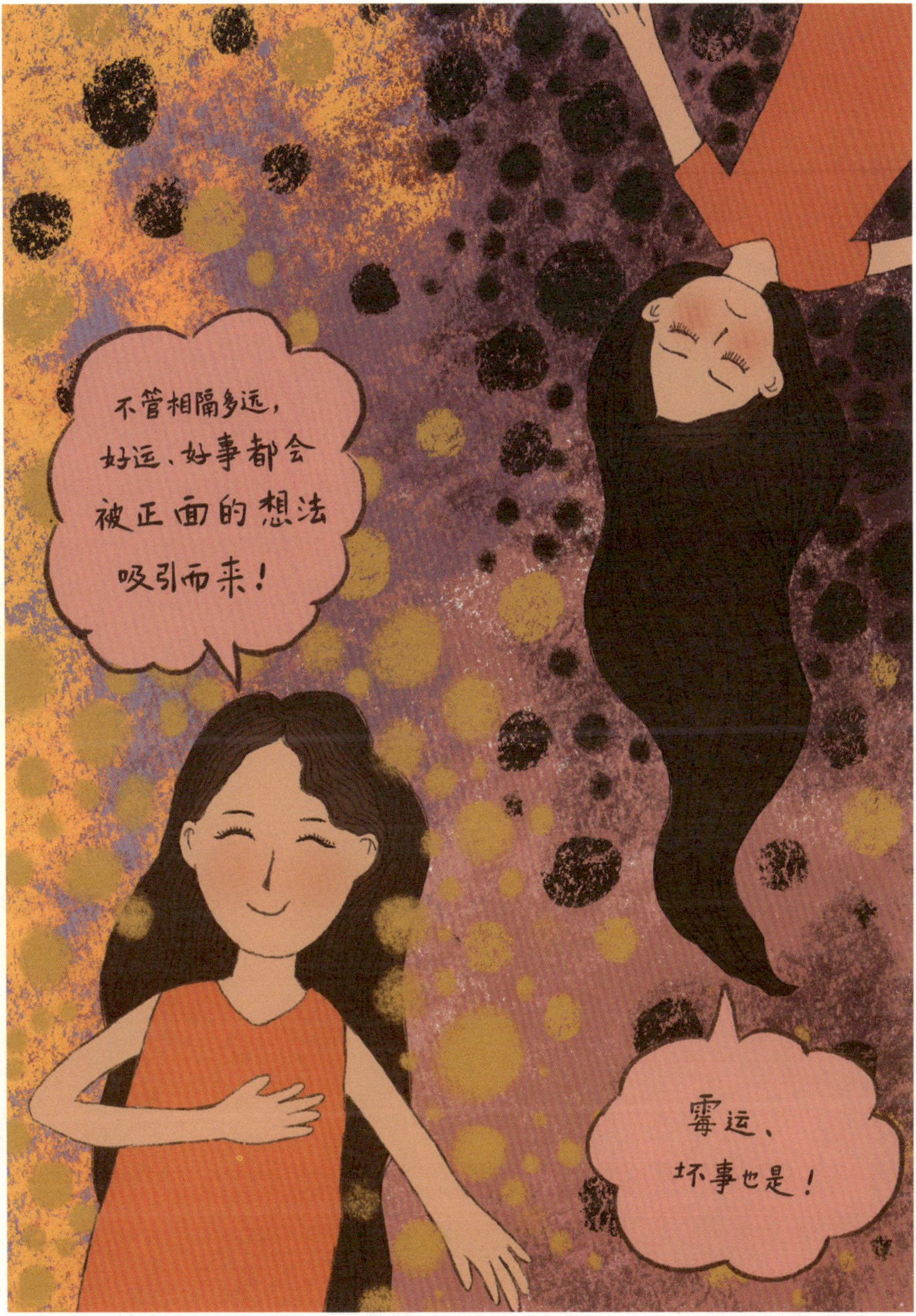
不管相隔多远，好运、好事都会被正面的想法吸引而来！
霉运、坏事也是！

/ 你是自己人生的导演 /

经历了一些事,看清了一些人,走过了很多弯路,你终于发现,你才是那个可以陪自己走完一生的人。你才是自己人生的导演,人生的剧本如何演绎由你决定。

5
痛苦的根源

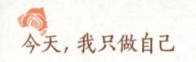

/ 痛苦的根源 /

痛苦的根源在于：欲望太多、高估关系、低估人性、凡事比较、求而不得……

/ 不被爱的痛苦 /

在亲密关系中,你感受不到对方的爱,所以你沉浸在不被爱的痛苦中,你甚至觉得,自己是一个不值得被爱的人。

今天，我只做自己

/原生家庭的影响/

幸福的家庭都是相似的，不幸的家庭各有各的不幸。也许你的原生家庭曾带给你不被爱的体验，这样的体验刺伤了你脆弱的心灵，把不被爱的体验深深地刻进了你的潜意识里。

/ 不配得感 /

人生的某一个阶段，遇到挫折、失败时，原生家庭曾经刻在你潜意识的那些自卑感、"不配得感"，在你没有觉察到的情况下，重新出现在你的生活里，不经意间自己就给自己贴上了"你不配得到"的标签。我想告诉你，其实，你配得上世间所有的美好！

/ 唯有原谅 /

亲爱的,你知道吗?你的父母也是第一次做父母,相信在过去的每一刻,你的父母都已经尽他们所能,扮演好他们的角色。他们在你心里

也许并不是最好的父母,但他们把认知范围内最好的都给了你。所以,原谅他们吧,只有原谅,你才能从原生态家庭的阴影里走出来。

长出一个全新的自己。

/ 长出一个新的自己 /

摆脱原生家庭给自己带来的负面影响,长出一个新的自己。过去的都已经过去,把那些伤都留在过去吧!未来才是你真实要过的生活。向前看,那里才有属于你的风景。

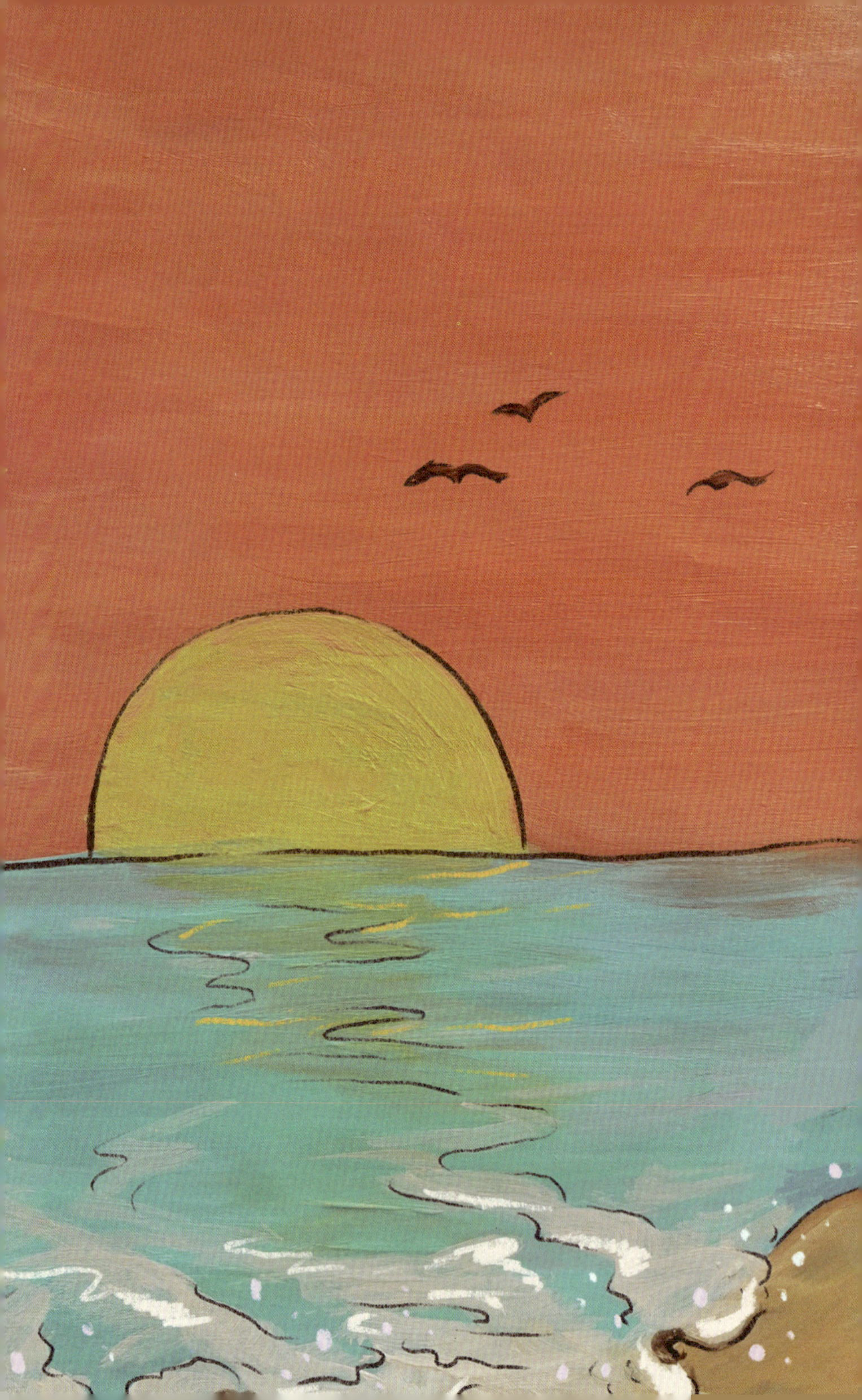

/ 失恋了 /

　　失恋了，伤心、难过、痛苦、沮丧占据了你的整个世界，你在失恋中走不出来，我知道，此刻对你说的一切话语，都显得苍白无力。

/给自己放个假吧/

时间会治愈你失恋的痛。给自己放个假吧,放下眼前这些让你感到心烦意乱的情绪,去旅行、去健身……

去海边,坐在沙滩上,听海浪的声音。

去公园里,看一片叶子随风飘落,看枝头抽出嫩绿色的小芽儿,看小蚂蚁来来回回搬运食物,看蝴蝶穿过一片花海……

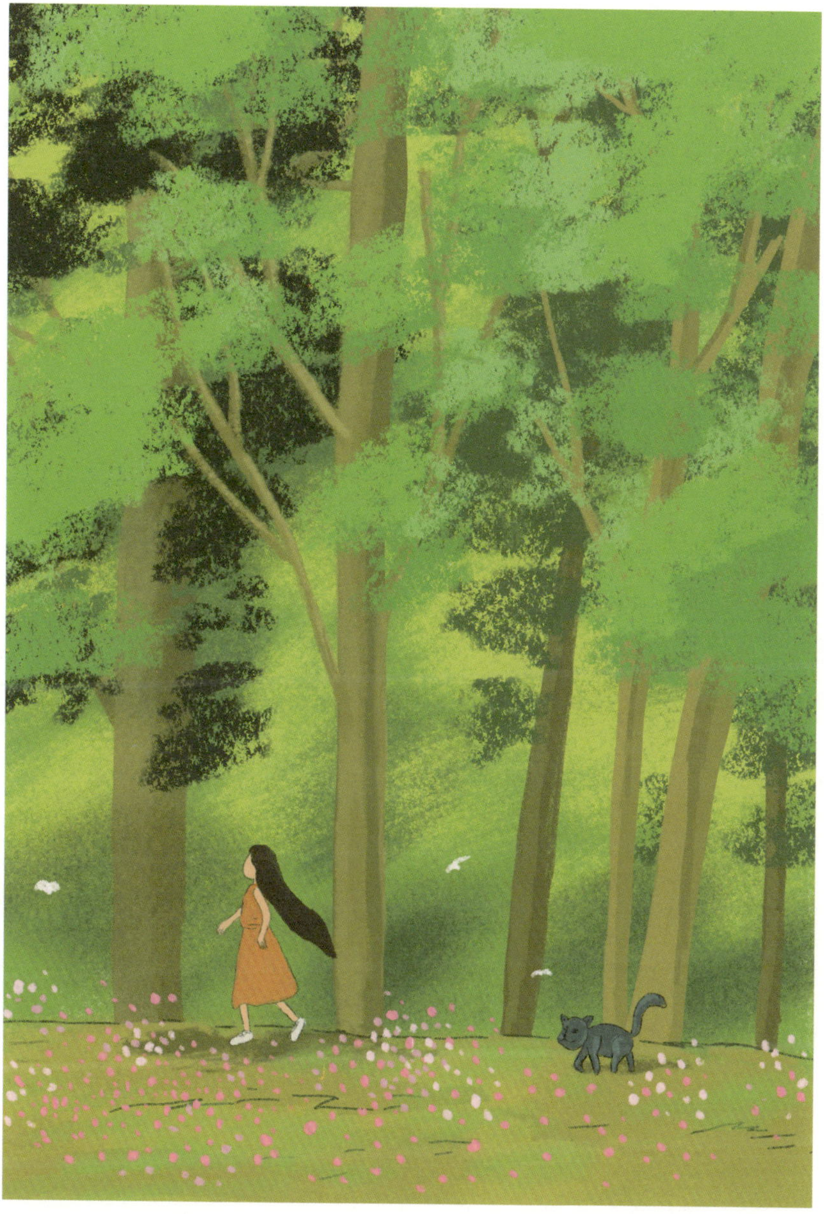

/ 好好爱自己 /

你渐渐长大,有了自己的小家庭,爱你的父母离你越来越远;体验过甜蜜与幸福之后,你最钟情的那个人,突然变成了陌生人;你最爱的孩子,会慢慢长大,然后去过属于他/她的生活;说好陪你一辈子的爱人,老了之后,也许会先你一步离开。最终能陪你走完一生的人,只有你自己。所以,要好好爱自己。

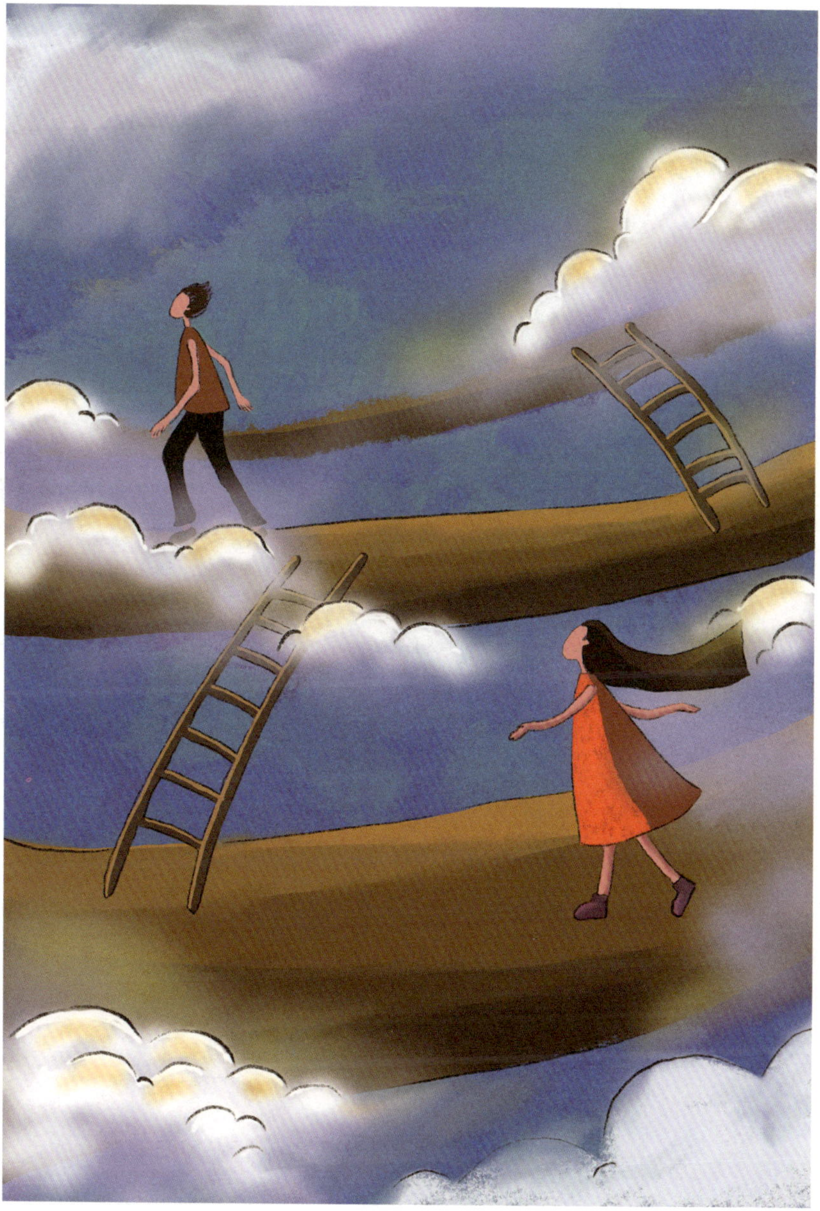

今天，我只做自己

/ 你值得拥有 /

亲爱的，相信自己，你配得上世间所有的美好。

6

经营好关系
能减少很多痛苦

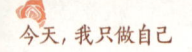

/需要没有被满足/

在关系里,很多痛苦,都来自一方内心得不到满足,一方不停地索取,一方不停地给予,给予的一方把内心中所有的爱都掏空了。当一方内心里的爱被掏空了,当给出去的爱既得不到回应,也满足不了索取一方的需求时,双方的矛盾也就因此产生了。

愤怒，讨好

于是，你开始给对方讲道理，抱怨对方不爱你，指责对方给不了你想要的。

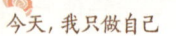

/ 想一想，对方需要什么？ /

想一想，对方需要什么？

我认为的爱	对方需要的爱
送花。	用买花的钱吃大餐。✓
送礼物。	一起去旅行。✓
冲一杯咖啡。	想喝杯热茶。✓
买一件加绒的衣服。	喜欢穿不加绒的衣服。✓
买葡萄。	喜欢吃榴莲。✓
……	……
……	……

讲道理、抱怨、讨好、指责只会让关系越来越糟，让你更痛苦。这时，倒不如想一想对方需要什么。用一张纸，画一个表，列出"我认为的爱"和"对方需要的爱"，然后根据"对方需要的爱"去给予。

/ **真诚地告诉对方你需要什么** /

如果对方不知道你需要什么，你可以直接告诉他。比如，你过生日的时候，提前告诉他需要他做什么，或送给你什么样的礼物。

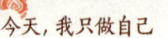

/ 陪伴与重视 /

如果你需要对方的陪伴与重视,那就大方说出来:
"我需要你多陪伴我,也希望你能多重视我。"

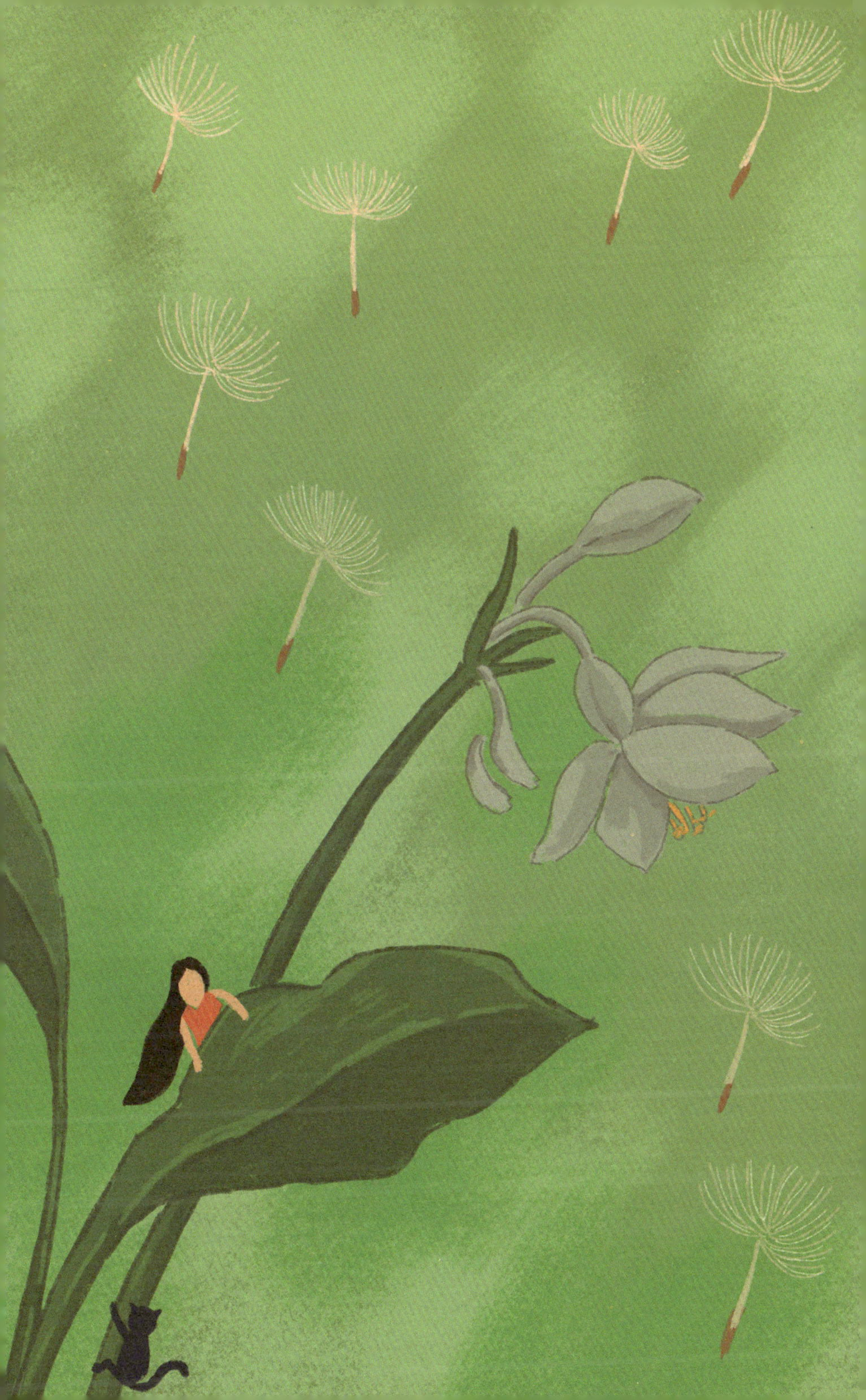

爱与需求要平衡

爱和需求要平衡,在亲密关系里,没有无条件的爱,付出也需要有回报。

/ 情感账户 /

可以建立一个情感账户。在某些特殊的日子里，对方送给你一束鲜花，你可以为对方做一件他所需要的事情。比如，带他去吃一顿大餐、给他买最爱吃的榴莲……

亲密关系里的三种关系

在亲密关系里，一般分为三种关系：索取式关系、抵触式关系、融合式关系。

/ 索取式关系 /

索取式关系：一方不停索取，另一方不停给予却得不到回报，关系因此失去平衡。

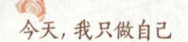

抵触式关系

抵触式关系:一方付出以后,盼望着另一方也能同等付出,如果另一方没有做到,矛盾因此产生了。

/ 融合式关系 /

融合式关系：一方给予另一方的需求能得到回应，并在对方有需求时给予，这样的关系稳定且持久。

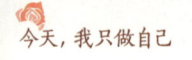

/ 选择合适的关系 /

在亲密关系里，只有选择融合式关系，才能健康、平稳、长久地发展。而索取式关系和抵触式关系是亲密关系破裂的主要原因。

/ 五种需要 /

五种需要：

1. 需要自由。
2. 需要价值感。
3. 需要对方给的安全感。
4. 需要被爱的感觉。
5. 需要陪伴与重视。

♡……

　　在亲密关系里，需要分为五种，分别是：自由、价值感、安全感、被爱的感觉、陪伴与重视。所以，你得知道对方需要什么，才能经营好亲密关系。

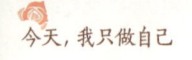

/ 关注自己需要什么 /

亲爱的,不管你身处黑暗还是低谷,都希望你能关注自己的内心到底真正需要什么。

/ 自己满足自己的需要 /

更重要的是,我们不要依赖任何人,谁也做不到能满足你长久的需要,不把自己的需要寄托在任何人身上,这样你才能拥有长久的快乐。

今天，我只做自己

　　特殊的日子里，可以给自己买一份礼物；饿了，给自己做一碗香喷喷的面条；困了，就好好睡一觉；伤心了，就痛痛快快哭一场；委屈、烦恼了，就去看看外面的世界。你得学会自己满足自己的需要。

7

思想创造了你的人生

今天，我只做自己

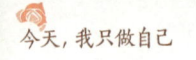

/ 你所想的，都会被放大 /

你可能会在大脑里放大事情的某些方面，那么尽量关注好的。

/ 关注缺点 /

也许在你生活中的某一个阶段,你觉得你的爱人满身都是缺点,臭袜子到处乱扔,从来不帮忙做家务,有时候还胡乱发脾气……看他哪儿哪儿都是缺点。那是因为你只关注他的缺点,所以缺点被不断地放大,最后覆盖了他的优点。

/ 关注优点 /

你可以尝试每天关注爱人的几个优点,比如:工作很认真;有责任感;能做一桌可口的饭菜。当你关注爱人的优点时,优点就会被放大,你会惊喜地发现,原来你的爱人如此优秀。

放下垃圾

可是，我拎着垃圾。

这是我送给你的礼物。

生活中、职场里，你难免会遇到一些不好的人、事、物，这些人、事、物让你感到心烦意乱，吃不好、睡不好。

我能理解你的心情，毕竟我也曾为那些不好的人、事、物心烦意乱过，后来我选择忽视那些影响情绪的人、事、物。

我把注意力集中到做自己喜欢的事情上，每天下班只管画画，创作我的绘本，心情开始慢慢变好，好事也接二连三地来到我的生活里。

亲爱的，把那些臭烘烘的垃圾扔掉吧！

/ 接住礼物 /

腾出双手，才能接住生活馈赠的礼物。

真心对待一些人

生活中、职场里,你用真心对待一些人,也希望他们能够用同样的方式对待你,但你的真诚换来的却是别人的虚情假意,你为此感到很难过。

/ 关于改变别人 /

我们无法做到让别人按照我们的想法做出改变,但我们可以改变自己。

/ 你永远无法改变别人 /

这个世界上你无法改变任何人,包括最亲密的爱人、最爱的孩子,唯一能改变的只有你自己。

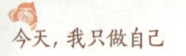

/ 心灵成长 /

改变自己的时候，心灵才会成长。

8 清理心灵的灰尘

/ 当各种压力压得你喘不过气时 /

某一天,很多事情突然聚到一块儿,令你无法喘息。当你开始焦虑、迷茫,不知道该怎么办的时候,那就给自己放个假吧!

/ 用两个月去实现五个愿望 /

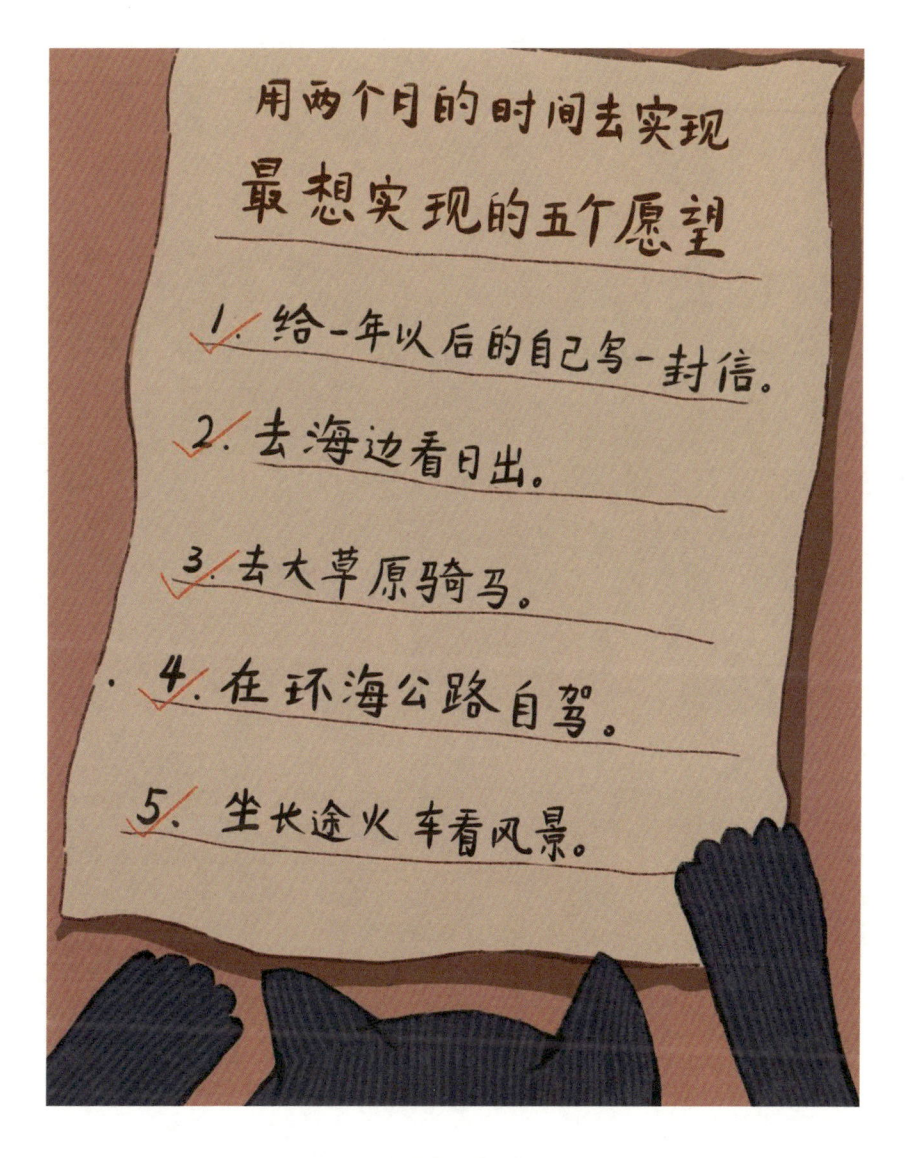

用两个月的时间去实现
最想实现的五个愿望

1. 给一年以后的自己写一封信。
2. 去海边看日出。
3. 去大草原骑马。
4. 在环海公路自驾。
5. 坐长途火车看风景。

用一张纸，列出你很久以来就想实现的五个愿望，用两个月的时间一项一项地去实现它。

给一年以后的自己写封信

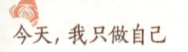

给一年以后的自己写封信,写下对未来的期待。这是一件很值得体验的事情。

清理心灵的垃圾

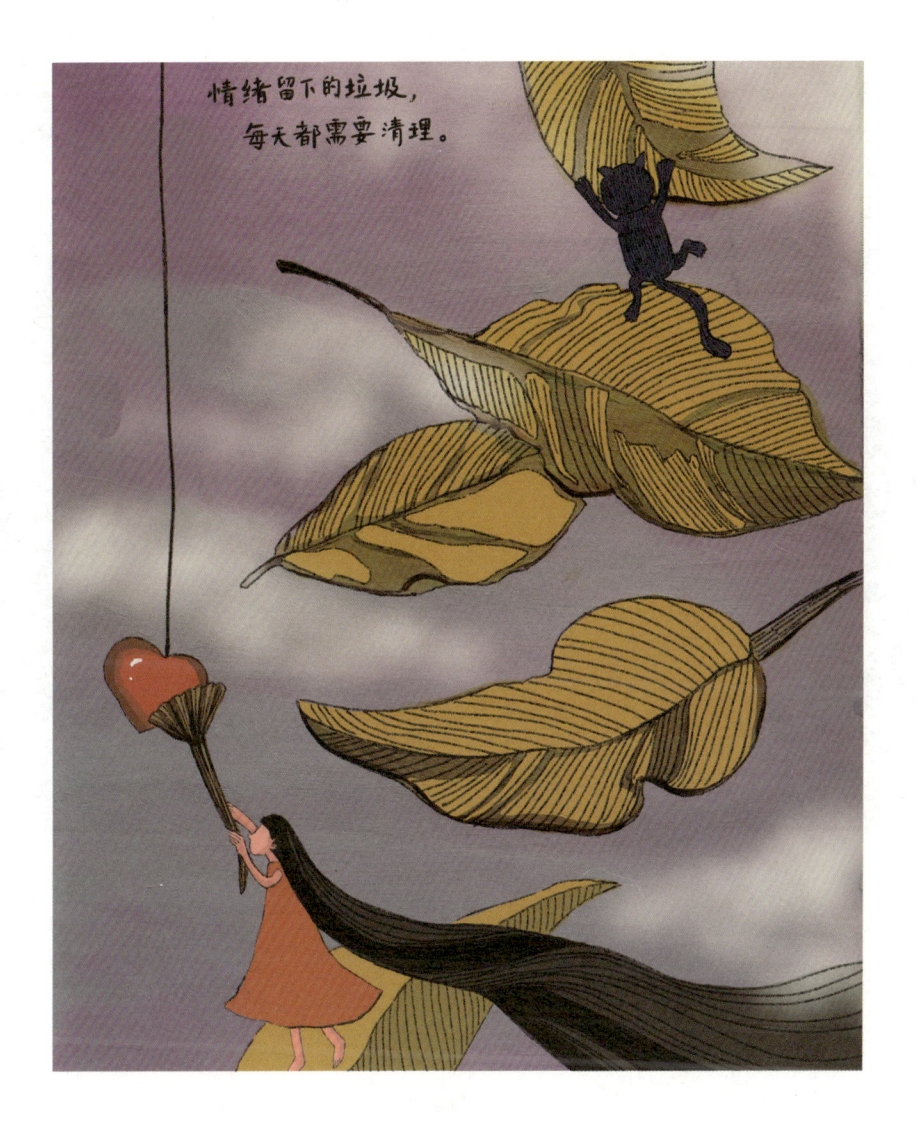

情绪留下的垃圾,每天都需要清理。

每天,你难免会遇见某些不好的人、事、物。这些人、事、物令你产生负面情绪,负面情绪遗留下来的垃圾被放进心灵里。所以,我们每天都要及时清理心灵的垃圾,使心灵保持干净清澈。

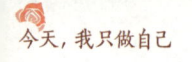

学会拒绝，对琐事说"不"

要使心灵不堆满垃圾，你得学会对琐事说"不"。

工作中，同事请你帮忙。虽然你还有一堆事情没做完，却因为不好意思拒绝，还是答应了帮忙，带着不情愿的情绪把同事的事情做完了。

生活中，做不完的家务，洗衣、做饭、拖地、带娃……这些事情占据了下班以后的大部分时间。做完这些事情，已经到了睡觉的时间。其实，当天可做可不做的事情，可以不用做，我们应该把精力花在当天必须做的事情上。

/ 我只是一粒尘埃 /

> 我是宇宙中的一粒尘埃，烦恼不值一提。

　　看看满天灿烂的星辰，宇宙无边无际，发现自己只是宇宙中的一粒尘埃，烦恼渺小得不值一提。

今天，我只做自己

9

专注内心的需求

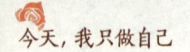

/ 遇见你之后 /

某一天，一件事让你陷入了谷底，你感觉天都要塌了。在没人陪伴、没人理解的情况下，你一步一步走在荆棘丛生的路上。

此刻，你听到一个来自内在的声音，一直鼓励你勇敢往前走。就是这个来自内在的声音，让你有了战胜困难的勇气和力量。

你很好奇这个声音来自哪里。你开始寻找声音的来源。

终于遇见你!

/ 默读时 /

你回想起小时候上语文课,老师让你默读的情景。

默读时,你并没有张开嘴巴,但内心却有一个声音在读那篇课文。

你也曾问过自己:这个声音到底来自哪里?后来,这个声音出现得很频繁,你就忽略了它的存在。

内心有一个声音在读书。

今天，我只做自己

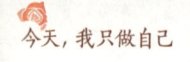

/ 买鞋子 /

买鞋子时，你纠结选择什么颜色。内在的那个声音对你说：家里已经有很多双深棕色的高跟鞋，红色又太亮眼，选择米色那双吧，米色好穿搭。

/ 选择了喜欢的鞋子 /

就选择米色吧!

你听从了内心的声音,选择了米色的高跟鞋。

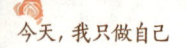

头脑中的两个声音

面对一些选择时,你的头脑中会出现两个声音:一个是支持你的声音,一个是反对你的声音。

这两个声音中,一个来自小我,另一个来自假我,当它们争论的时候,你根本无法做出正确的选择。小我和假我,是受外界影响的自己。

外界的一切指的是金钱、名利、地位、权势以及一切发生在身边的事情,其中包括别人对自己的看法和评判等,这些都是小我和假我最在乎的。如果你听从了小我和假我的声音,最终的结果一定是活在痛苦和恐惧里。你会发现,你的情绪越低落,小我和假我就越活跃。

此时,你需要静静地待一会儿。当你静下来以后,你会发现小我和假我的争论声慢慢消失了,这时内心中出现了另一个声音,这个声音不是来自小我,也不是来自假我,而是来自内心中真实的自我,你需要听从内心中真实自我的声音。

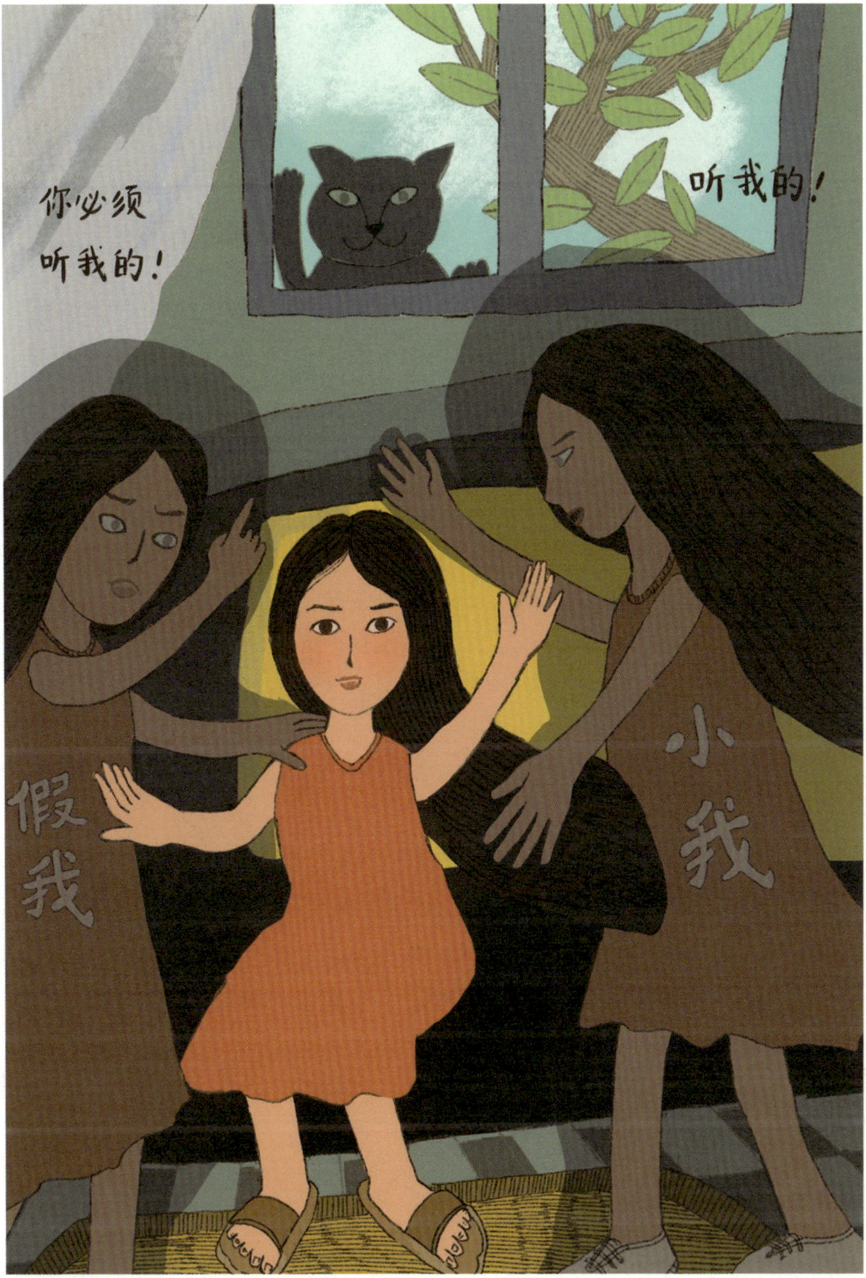
你必须
听我的！
听我的！
假我
小我

/那些扰乱你的痛苦记忆/

过去发生的那些令你痛苦的事情,会躲藏在大脑的某个角落。当小我占上风时,痛苦的记忆就会跳出来,一遍又一遍地在你的大脑里播放,像重复播放的电影,你会因此变得越来越痛苦。这正是小我所希望的,因为你越痛苦,它就越强大,当你完全被它控制之后,各种抑郁、幻觉便产生了。

此刻,你需要做的是觉察到小我的伎俩,及时停止在大脑里播放痛苦的记忆,把自己拉回当下。

/ 害怕受伤，所以设置了保护层 /

为了保护自己不承受伤害与痛苦，潜意识会设置保护层，这些保护层可能表现为可怜、麻木、绝望、凌驾于他人、指责等，痛苦和真实的自我被这些保护层包裹在里面。你会发现，生活中，很多人都喜欢用"指责"来保护自己。

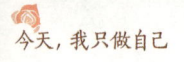

破开保护层,与真我联结

你需要破开保护层,直面痛苦,找到真实的自己。

/ 抵达内心真实的自己 /

遇见内心真实的自己。真实的自我是没有经过任何掩饰，不存在任何虚伪的隐瞒和装扮，积极向上、平和快乐的那个自我。它不会被外在的一切左右，它喜欢安静、爱、平和、喜悦。当你听从它以后，你会发现你所有的疑问都有了答案，所有令你感到难过的事情都变成了爱、平和、喜悦。

/ 与痛苦对抗 /

有时候，一些事物让你感到很痛苦。亲爱的，我能理解你这时的心情，我知道你不想让这样的情绪一直出现在你的头脑里，所以你拼命与痛苦对抗，想把它从头脑中赶出去。

接纳与臣服

与痛苦对抗，你用的力气越大，痛苦的感受就会越强。

所有你抗拒的，都会持续，而唯一能让这种痛苦情绪消失的方法，就是接纳与臣服。

接纳已经发生的事，臣服那些发生的事给你造成的痛苦，痛苦自然就慢慢消失了，内心也因此变得淡然与平和。你没听错，这一切的发生就是这么神奇！

静下来看看
夜空中的星星。

/ 给自己一段时间 /

给自己一段安静的时间,停下来看看天空。天上的星星眨着美丽的眼睛。

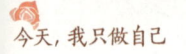

/ 听从内心的声音 /

窗外被风吹落的叶子,发出沙沙的声音,猫咪慵懒地趴在脚边打着呼噜。从此刻开始,听从内心的声音,不违背、不迎合。

10 关注自己拥有的

我拥有：
健康的身体。
爱我的家人。
养活自己的工作。
遮风挡雨的房子。
……

今天，我只做自己

/ 你时常关注自己没有的 /

如果你总是关注自己没有的，而羡慕别人拥有的，那么快乐将远离你。

/ 用一张纸，列出你所拥有的 /

现在就去找一张纸，画一个表格，列出你所拥有的。

/ 关注那些你所拥有的 /

我拥有：
健康的身体。
爱我的家人。
养活自己的工作。
遮风挡雨的房子。
……

写下你所拥有的东西，尽量写到想不出来为止，你会惊喜地发现：你拥有健康的身体、爱你的家人、养活自己的工作、遮风挡雨的房子，还有自己喜爱做的事情……原来你是如此富有。

与身体产生联结

/ 在人间的房子 /

身体是你在人间的房子。

/ 把主人从房子里赶出去 /

当你违背内心、迎合外界的声音时，就是在拼命把住在身体里的主人赶出去。

今天，我只做自己

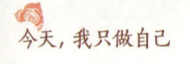

/ 各种角色住进来 /

主人被赶出去之后，各种角色就会住进房子里。

/ 身体开始不舒服 /

疾病也争先恐后地想住进你的身体里。

/ 听从内心真实的感受 /

不要被外界的人、事、物牵着鼻子走,要听从内心真实的感受,保护好身体这所房子,也要保护好房子里的主人。

/ 把关注点转移 /

如果你陷入低沉情绪走不出来,那就尝试把注意力转移到脚趾吧!看看平凡日常的珍贵瞬间:小草温柔地拥抱你的鞋子,紫色的格桑花对你微笑,那只蓝猫正在追逐一只黑色的小蚂蚁。

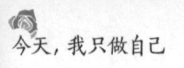

/ 抬头看看满天的繁星 /

坐在窗边,看一看满天的星辰。当流星划过天际,许下一个美好的愿望。

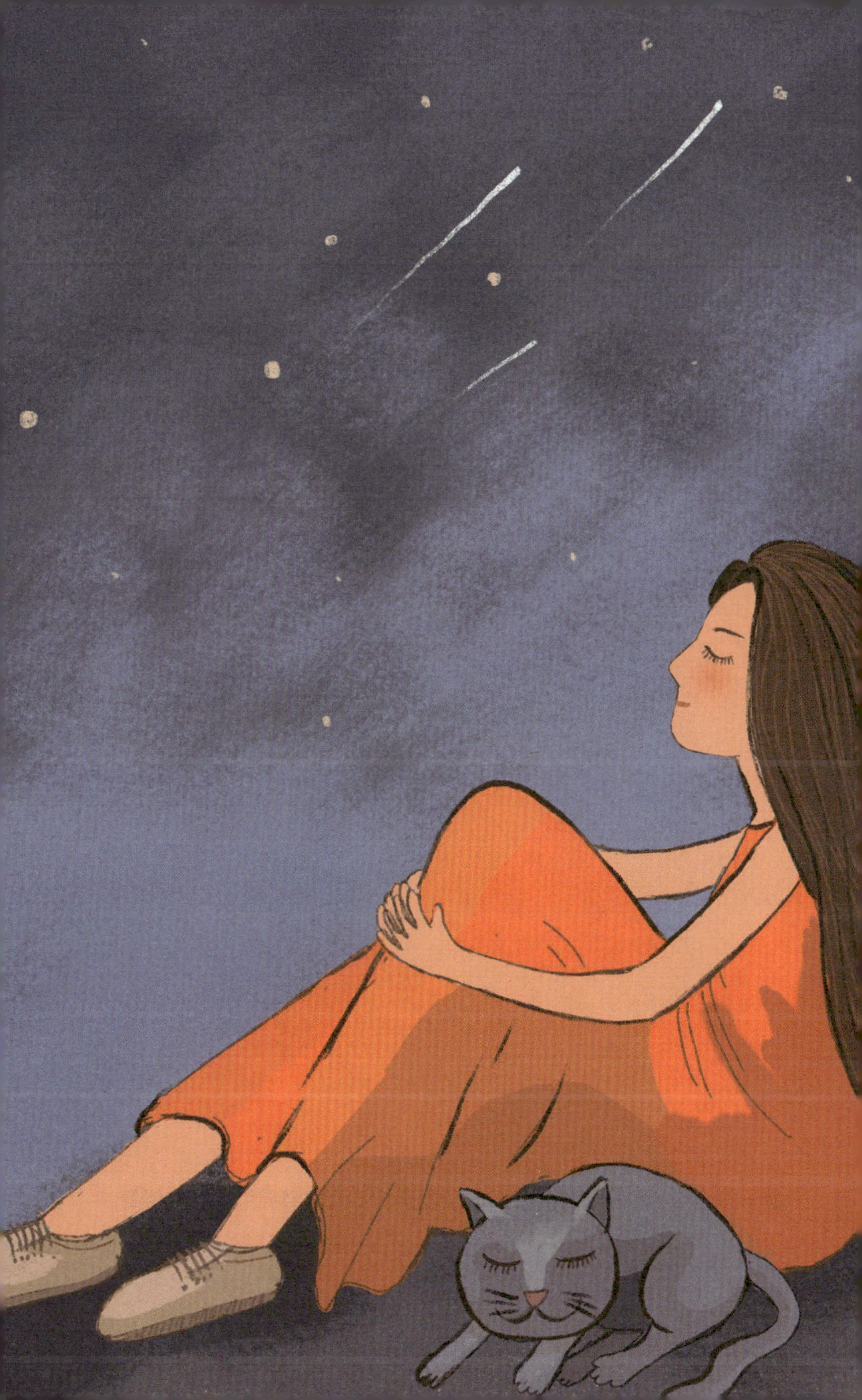

/ 听一听秋天的风声 /

秋天的风吹过耳边,留下绚丽的晚霞。

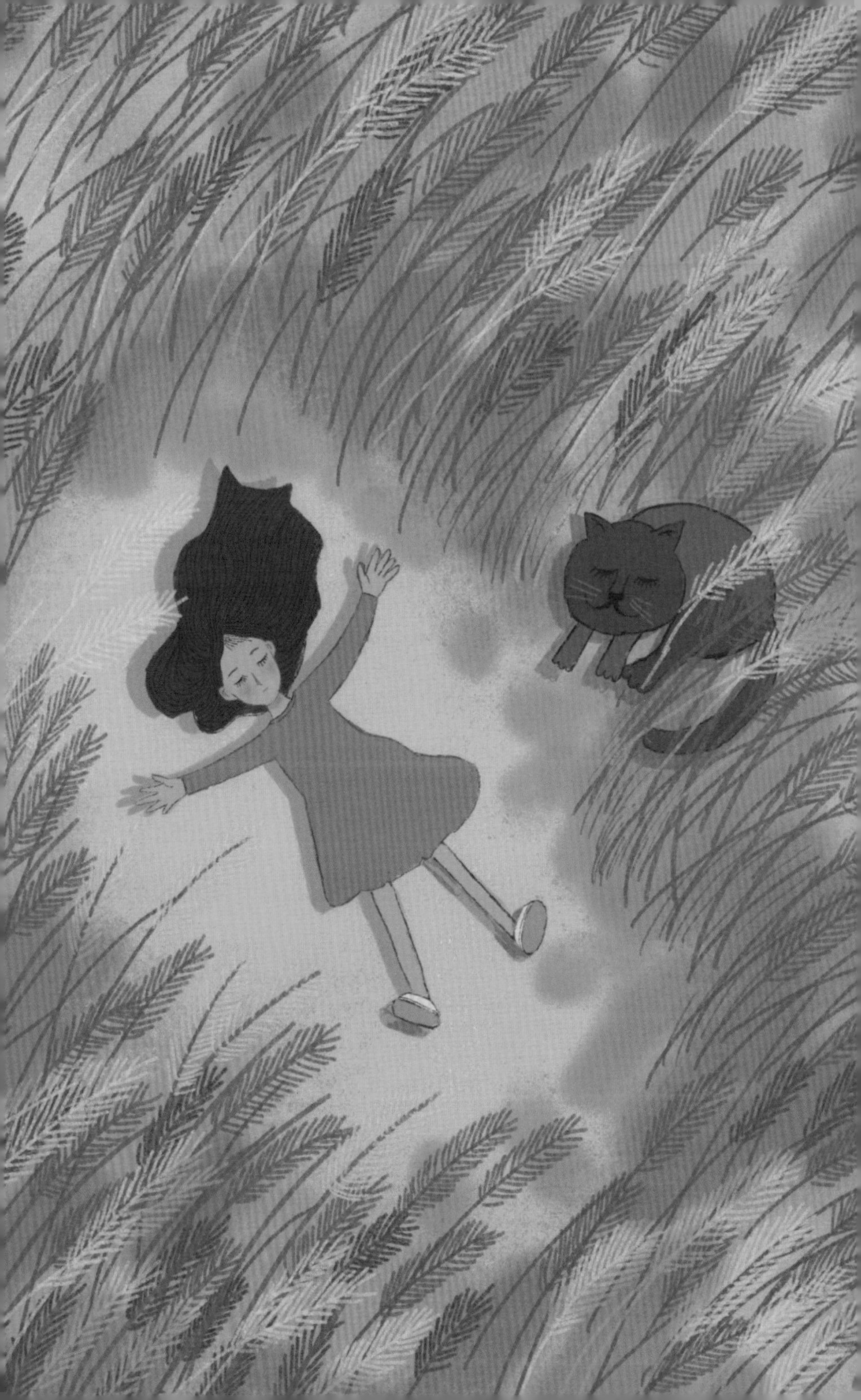

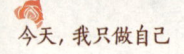

/ 感受身体的存在 /

　　去海边,用脚掌感受每一粒沙子的存在。被海浪送上沙滩的螃蟹和海星陪伴在身旁,心情也变得舒畅起来。

你的存在，本身就很美好！
无须向任何人证明。

今天，我只做自己

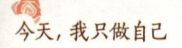

/ 与内在取得联结 /

与内在的自己取得联结，内心的伤痛开始慢慢愈合。

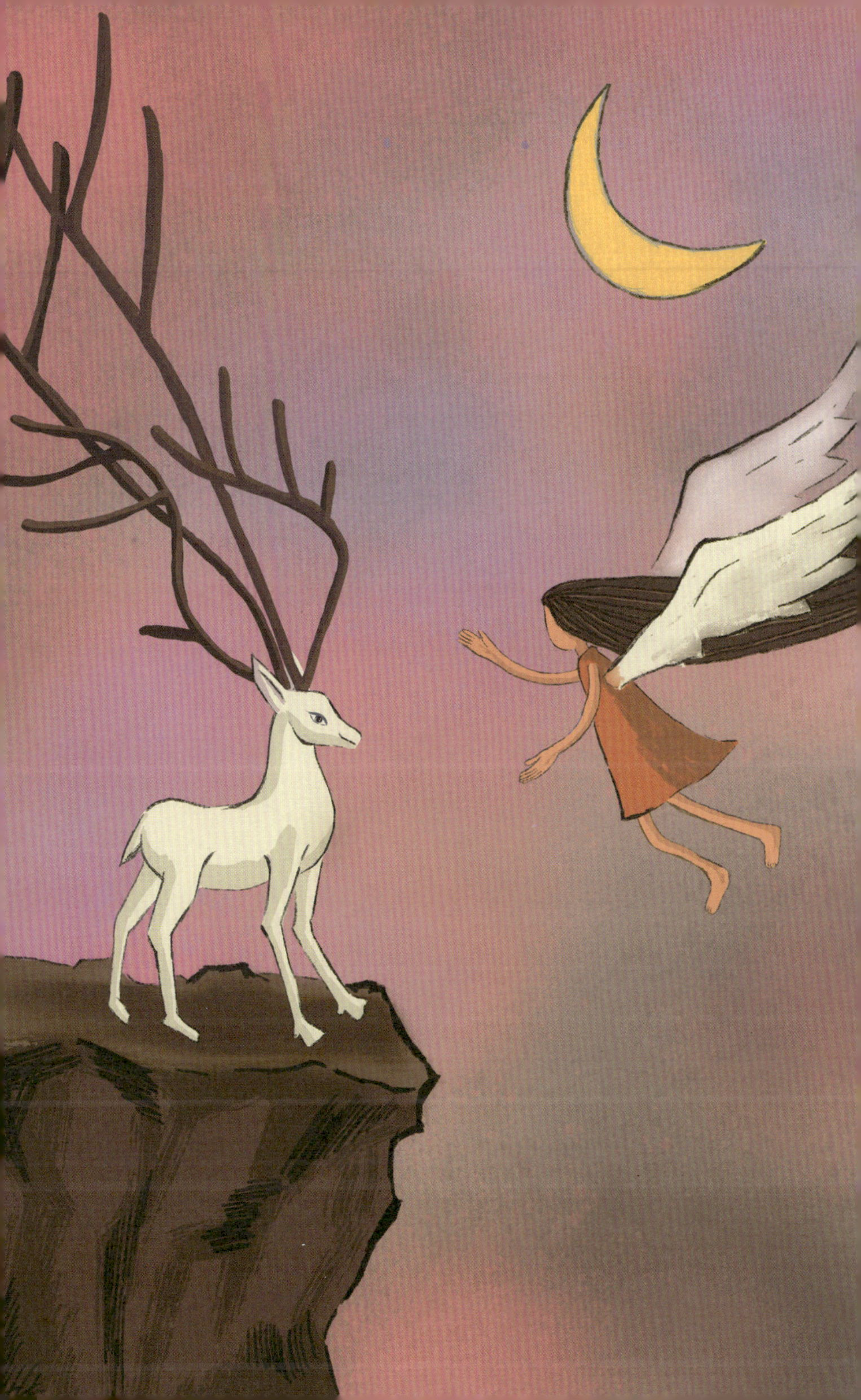

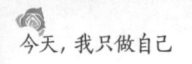

/ 身体是心灵的镜子 /

你开始慢慢变好,你的世界也开始渐渐明亮起来!

12

享受当下的快乐

/ 头脑时常活在过去或未来 /

你的头脑总是喜欢活在过去的记忆里，不断回忆，也喜欢活在未来的世界里，担忧恐惧。

恐惧未来，焦虑现在

恐惧未来发生一些不可控的事情，担心失去工作，担心在公司受到排挤，担心处理不好亲密关系等，随时随地处于焦虑的状态中。

今天，我只做自己

/ 担心被别人否定 /

担心别人对你说"不行""不能""不可以""你不对"。

/ 担心被别人指责 /

担心被别人说你什么也做不好。

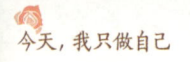

/ 担心被别人抛弃 /

总是害怕被亲人、朋友、爱人抛弃。

/ 害怕遇到变故 /

害怕生活中遇到一些变故,辛辛苦苦挣的钱一下就没了。

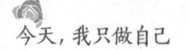

/ 走出焦虑和担心的方法 /

亲爱的,过去的已成事实,就让它过去,未来的还没有到来,无须多虑。而此时此刻才是真实的,如果此刻你很焦虑,那么可以找一张纸,写下三个问题。

第一个问题:你担心什么?
第二个问题:这件事做不好会有什么后果?
第三个问题:做不好这件事会怎样?

当你认真回答完这几个问题以后,你会发现,你的焦虑早已消失得无影无踪了。

走出担心和焦虑

1. 你担心什么?
2. 这件事做不好会有什么后果?
3. 做不好这件事会怎样?

世界有两面

　　世界有两面，有好的一面，也有坏的一面。你站在好的一面里，你将看到一个美好的世界，相反，你站在坏的一面里，那你看到的将是糟糕的世界。

/ 活在过去，如同活在地狱 /

总是沉浸在过去痛苦的记忆里走不出来，人间和地狱就没有区别。

/ 体验当下的美好 /

当你活在过去的痛苦中无法自拔，站在未来的恐惧里担忧不已时，你需要做的事情就是去觉察，觉察头脑想的是什么。

如果觉察到头脑将你拉进过去发生的那些痛苦的记忆里，或者将你推到未来的恐惧里，那么，你需要停下来，看看眼前一些更有趣的事物。

/ 坦然地享受生活 /

风穿过窗户，把白色的窗帘轻轻吹起；品一口自己手磨的咖啡，用心感受咖啡的香醇；那盆养了一年的绿植，终于为你开了几朵美丽的花儿；那只蓝猫正安静慵懒地睡觉。

想一想此刻可以做些什么

在纸上列出你此刻能做的事情：给自己做一桌美食、给绿植浇水、帮猫咪铲屎、画一幅能表达自己情绪的画、去快递站取个快递、看一部有意义的电影、完成设定的小目标、约闺蜜吃一顿美味的食物。

/ 去长满绿草的地方 /

去一个长满绿草、开满鲜花的地方，停下来，看一只小蚂蚁和一只七星瓢虫用与众不同的方式对话。

/ 看看为你盛开的花 /

看一看那些盛开的花,它们盛开在风雨中,只为等你来遇见。

/ 躺在绿色的草坪上 /

躺在绿色的草坪上，感受青草的气息轻抚脸颊。

今天，我只做自己

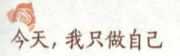

/ 看天空云聚云散 /

天空的云朵聚拢又散去，一切都在慢慢变好！

13

觉察生命的指引

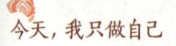

/ 跟随内心的直觉 /

　　直觉是一种很神秘的力量,是生命对你的提示,它总会在不经意间指引着你走向正确,所以,要相信你的直觉。

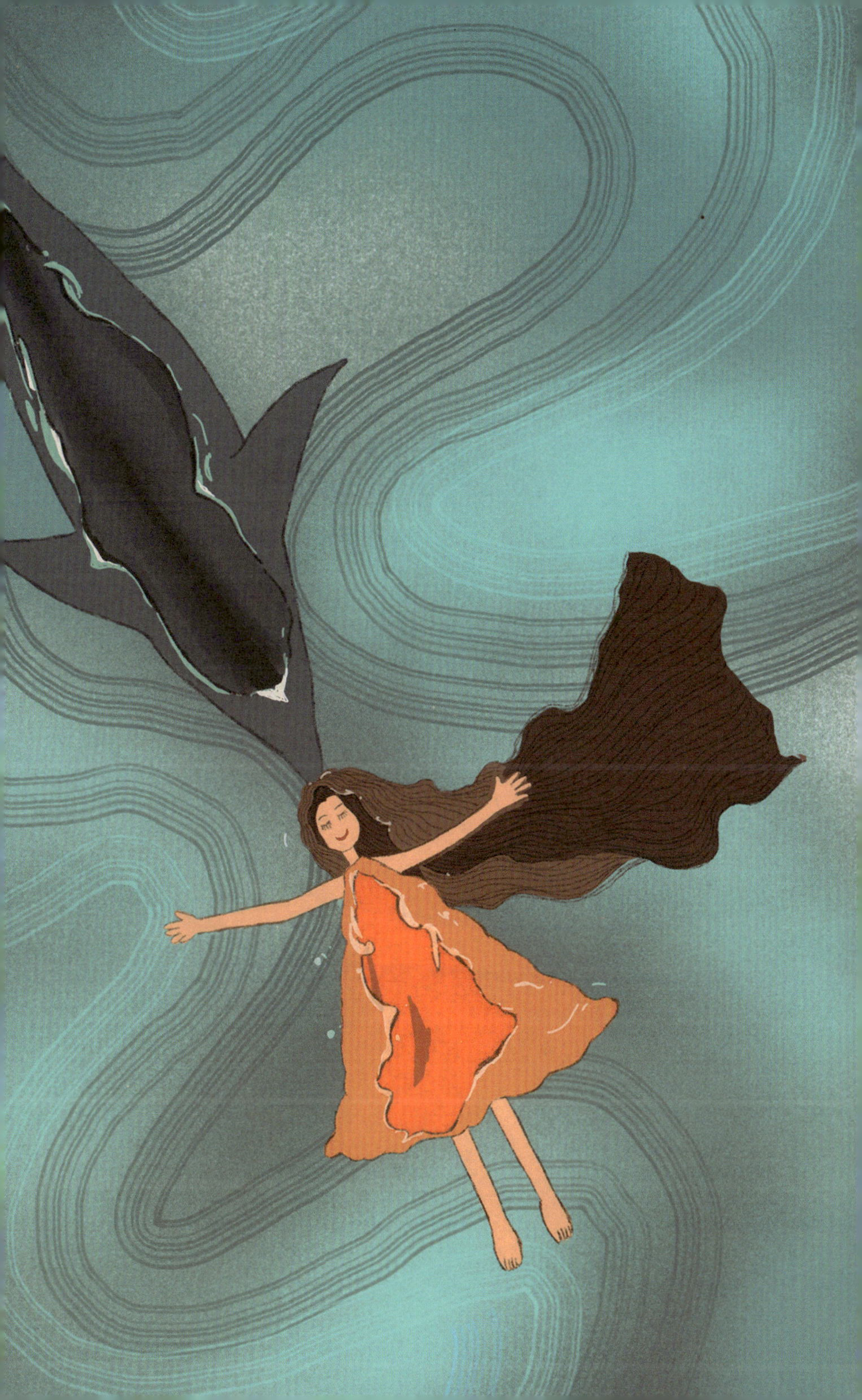

今天，我只做自己

不用担心!
生命会用各种方式提示你走向正确。

/ 觉知生命的指引 /

不管亲情、友情还是爱情,不要因为承受不了暂时的痛苦,而选择一段错误的关系,不合适的关系就放弃吧!接受离开,尊重选择,听从内心的直觉。

当然,直觉在你做任何决定的时候都会提示你。

今天，我只做自己

/ 遇见的困难 /

我们的一生，很多时候就是这样，遇见一个又一个困难，在经历中成长。

今天，我只做自己

/ 遇见的人 /

那些遇见的人，他们出现在你的生命中，让你体验到爱、快乐、悲伤，然后转身离开。那些陪伴你走了一程的人，亲人、朋友、爱人，他们都在用他们的方式教会你如何好好爱自己。

请允许有些人出现在你的生命里，允许有些人淡出你的生命，允许一切发生！

发生的事

也许你的生命中发生了一些事，有些事至今仍令你痛苦不堪。我理解你的心情。如果我在你身边，我一定会给你一个大大的拥抱，轻轻对你说："亲爱的，你受苦了。余生，你要好好爱自己。"

所有发生在你生命中的事情，好事或者坏事，都不是白白发生的，想想它们的发生会教会我们什么呢。

今天，我只做自己

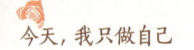

一件事的发生

拿出一张纸，想一想从那件已经发生却让你难以接受的事情中，你学到了什么。

背后的意义

每一件发生的事情，或是丰富你的生命体验，或是教会你什么，都有其背后的意义。

今天，我只做自己

14

人生只有一件事

/ 人这一生，至少要有一个梦想 /

人生至少要有一个梦想。当你快要离开这个世界的时候，当你开始回望自己的一生，想起曾经想做的那件事，一直也没有开始做，你会不会因此感到遗憾呢？

从现在开始，去做你一直想做的那件事情吧！不管你现在是 30 岁，还是 40 岁，或者是 50 岁、60 岁、80 岁，一切都不算晚。

走吧！我们要去更大的海洋。

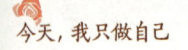

/ 重新认识自己 /

问自己一个问题：我是谁？

可能你会说，这个问题很简单，我是一名小学老师、我是一位妈妈、我是一位律师、我是一个女儿……这些只不过是你在这个世界上扮演的角色而已。如果去掉你的名字，去掉你的这些角色，那么你是谁呢？

或许你从来没有想过这个问题。

我是谁？

我能做什么

亲爱的,静下心来想一想,你能做什么,你最擅长的事情是什么,有没有一件事情是你一直想做却没有去做的。想一想,在弥留之际,你可能遗憾年轻时没有去做的那件事是什么。

/ 用天赋唤醒真实的自己 /

亲爱的,每个人都有自己的天赋。天赋是人的天性,天赋如果被压制了,就无法活出自己本来的样子。所以,你需要花些时间,找到你的天赋,用天赋唤醒真实的自己。

/ 我的天赋和热爱是什么 /

我也曾问过自己"我是谁？"。我是一名小学美术老师，我是一位妈妈，我是一个妻子，我是一个女儿……后来才发现，这些都只是我在这个世界扮演的角色，而真正认识"我是谁"的时候，是从我找到自己擅长做的事情开始的。

有一段时间，我很迷茫。看到那些优秀的演说家站在讲台上侃侃而谈，我开始学习演讲，因为我想成为站在讲台上光芒四射的演说家；听到别人说我设计的服装很漂亮，我又开始设计服装；看到书法家们写字如行云流水一般，我便开始练习书法。后来，我发现自己什么也没学好，却浪费了大把时间。

直到 2019 年，内心有一个声音不断提示我：把你的经历改编成一本个人成长小说吧！你的经历一定能帮助很多人走出迷茫、焦虑、痛苦，获得幸福快乐的人生。于是，我听从内心的声音，利用下班的时间，创作了一本 12 万字的个人成长小说《谢谢你，出现在我生命里》。这本小说从开始创作到完稿用了 4 年。2022 年 8 月，我儿子上六年级，我想把一些人生经验讲给他，告诉他人生有无限的可能。我有太多的话想表达，因此我萌生了一个念头，把所有想对儿子说的话，画成一本绘本送给他。今年，这本绘本已成功出版了。2023 年 7 月，有感于自己从迷茫、焦虑中走出来的经历，我开始创作个人成长绘本《今天，我只做自己》，也就是你手里的这本。庆幸经过很长一段时间，尝试各种自己感兴趣的事情后，最终我找到了自己擅长做的事情，找到了自己的天赋。

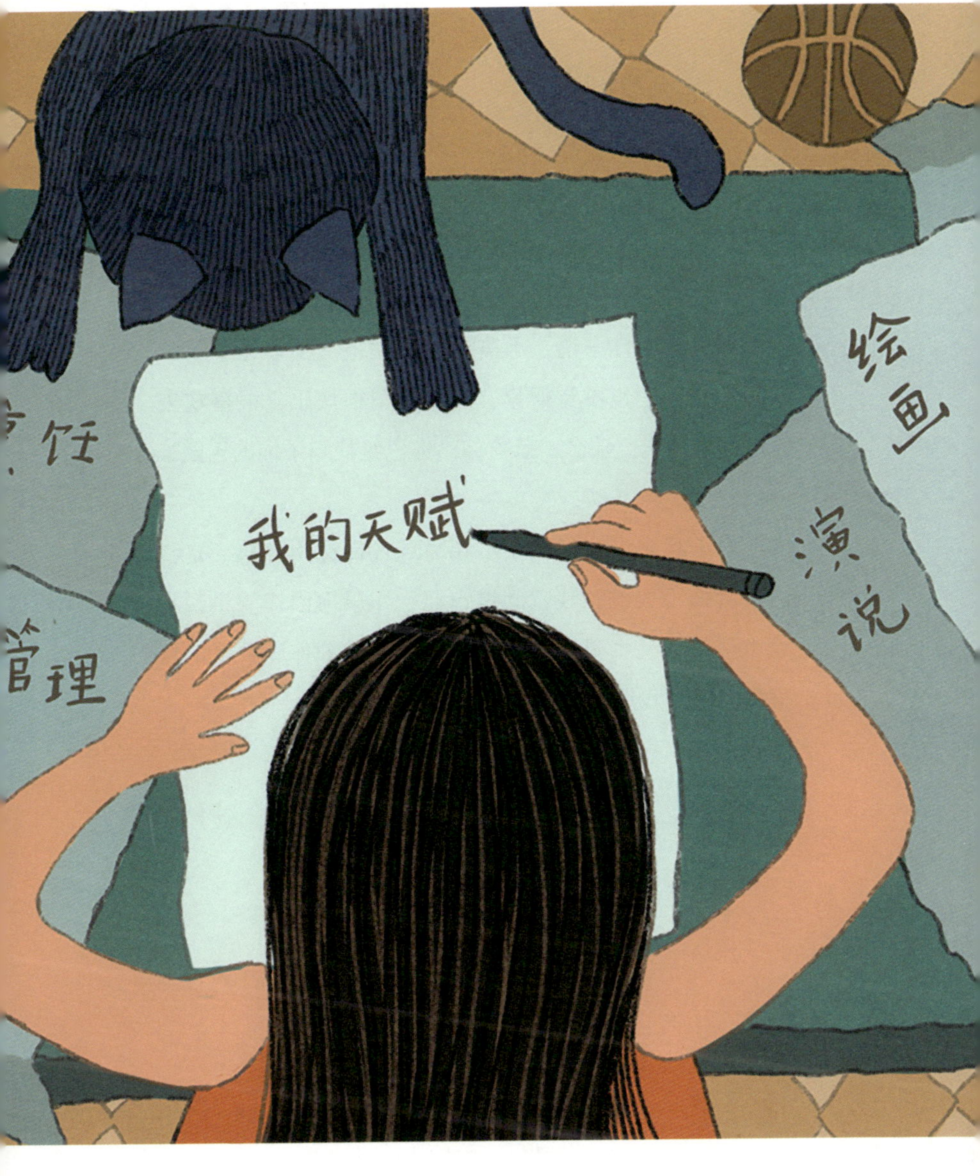

任
管理
我的天赋
绘画
演说

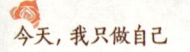

/ 找到天赋 /

当你做一件事情，不需要得到回报，不管花了多少时间和精力，也不觉得累，反而觉得很快乐，很喜欢去做这件事情时，那么，恭喜你，你已经找到了你的天赋。

对于我来说，创作绘本和写现代诗这两件事，是我一直会做下去的。我曾问过自己：如果你创作的小说和绘本没有人看，没有收入，你还会继续创作吗？我的答案是：因为我热爱，所以会继续创作下去。

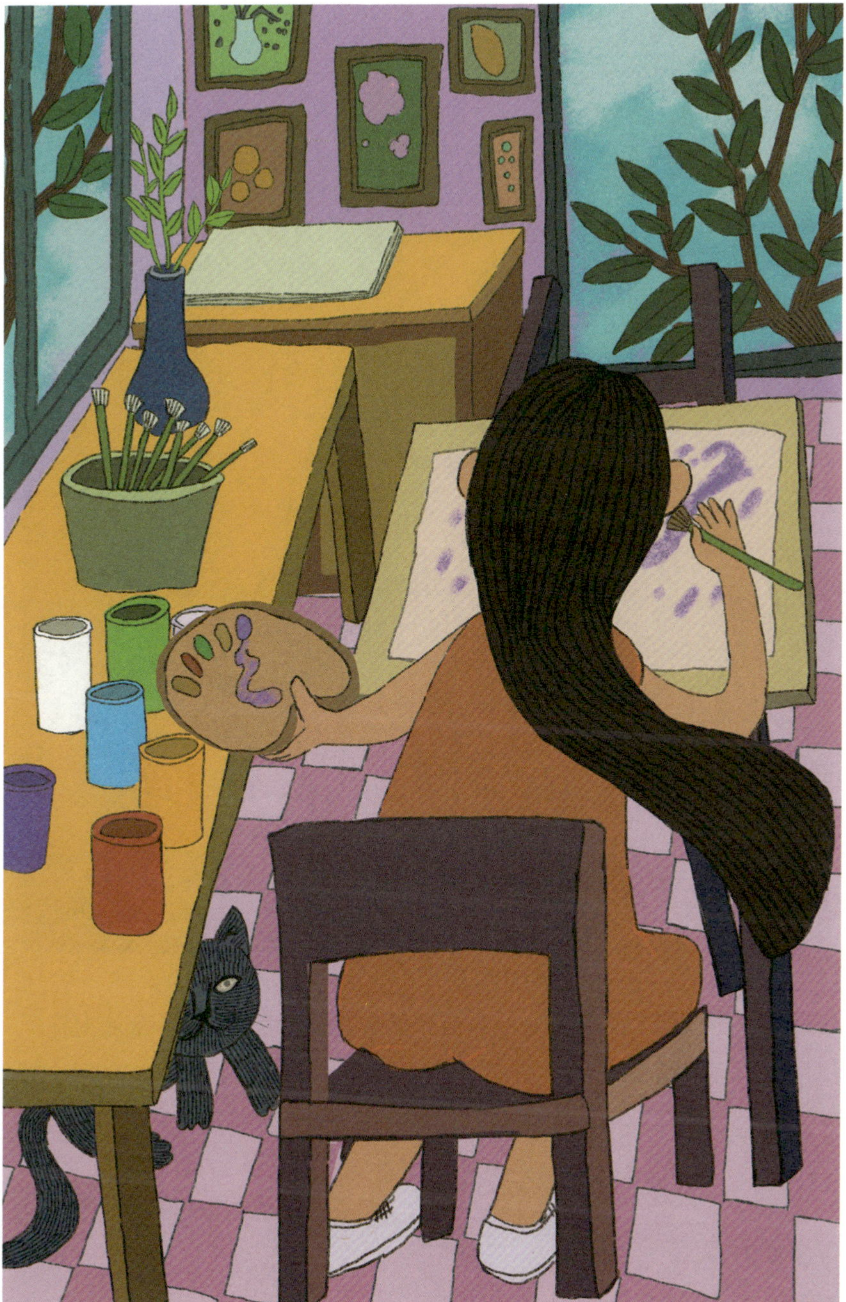

/聚焦目标/

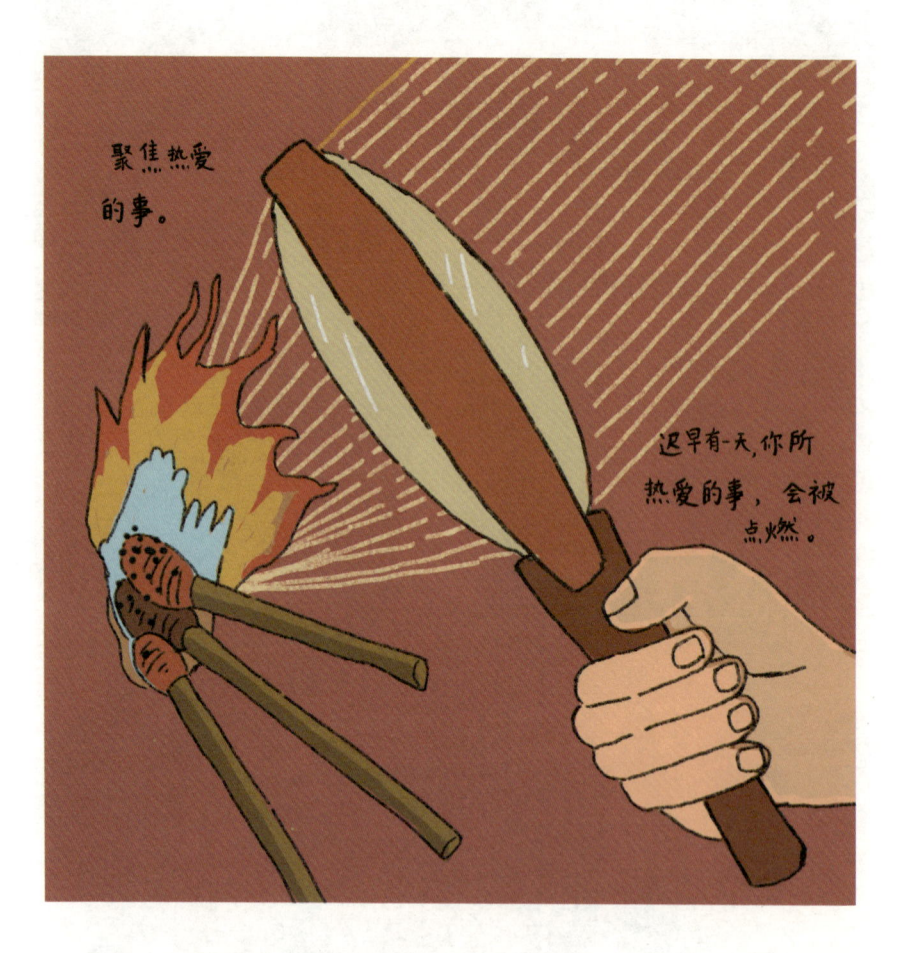

聚焦热爱的事。

迟早有一天，你所热爱的事，会被点燃。

当你找到自己的天赋，找到自己喜欢并且热爱的事时，那就抛开一切杂念，勇敢去做吧！

制订人生计划

  找三张纸。在第一张纸上,绘制出一个表格,表格最上方写"人生目标计划表"。

  我的终极目标是成为绘本作家,十年内完成十部绘本,五年内完成五部绘本,一年内完成一部绘本。这张表格将我的十年目标清晰地呈现在眼前。但要注意在设定目标时,要考虑目标的合理性,比如:我的一年目标如果设定完成五部绘本,可以想象一下,对于这样的目标计划,不管我怎么努力都是无法实现的。所以,一定要合理设定目标。

制订每月计划

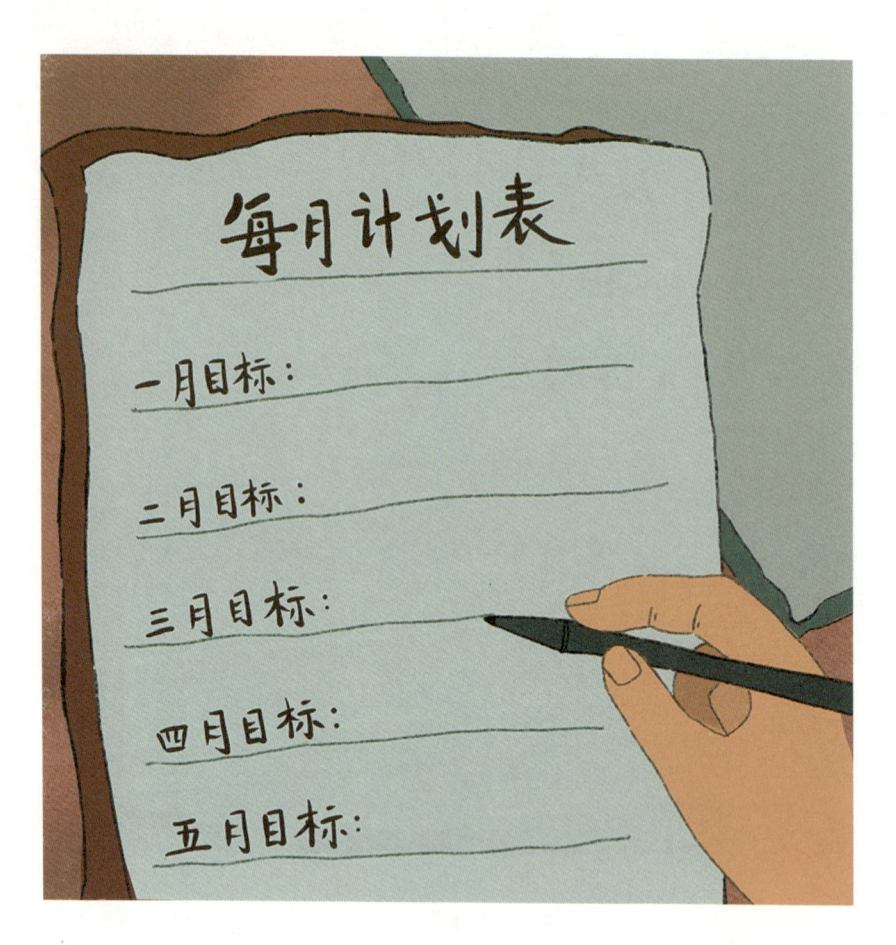

在第二张纸上,绘制一个十二行的表格,表格最上方写"每月计划表",在表格左边的每一行中标出月份,然后把每一个月设定的目标计划写在对应的表格中。

通过上述的表格,可以清楚地看到每个月的具体目标任务。

/ 制订每日计划 /

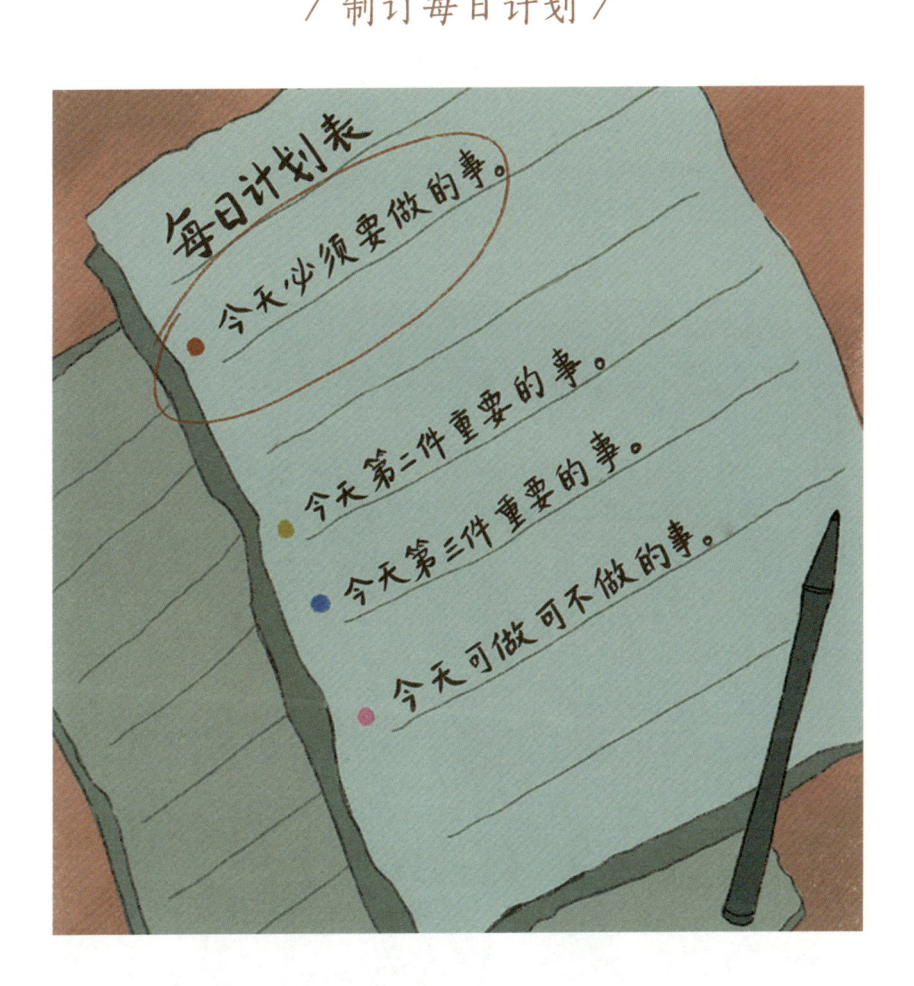

在第三张纸上绘制一个四行的表格，表头写"每日计划表"。

将每日事件按重要程度进行规划，逐一去完成，会很有成就感。

树立目标以后，你会感觉到人生不再迷茫，你知道了人生的方向，平淡的日子开始有光芒，你的生活也为此充满愉悦和幸福。

/ 合理安排时间 /

生活的各种琐事会占据你一天中的很多时间,所以合理安排时间尤为重要。

一生做好一件事

我们的一生，不可能把每一件事情都做好，要用心去做一件事情，并且做好它。

注意力在哪儿，结果就在哪儿

心无旁骛、专注地去做那件你热爱的事情吧！

/向着目标前进/

看到困难,目标就小了。

看到目标,困难就小了。

看到困难,目标就小了;看到目标,困难就小了。看着你的目标,勇敢向前。

今天，我只做自己

/ 整个宇宙都会帮你 /

当你真心想做一件事情的时候，整个宇宙都会联合起来帮助你。

/ 方法总比问题多 /

生活总会抛给你很多问题。不过,别担心,方法总比问题多。

今天，我只做自己

/ 用智慧解决问题 /

生活会让你拥有智慧，解决眼下的问题。

/ 为了什么 /

如果来这个世界，是为了寻找答案，那就努力找一找。

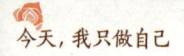

/ 努力总会有回报 /

你的付出不会白费,总会以某种形式回馈给你。

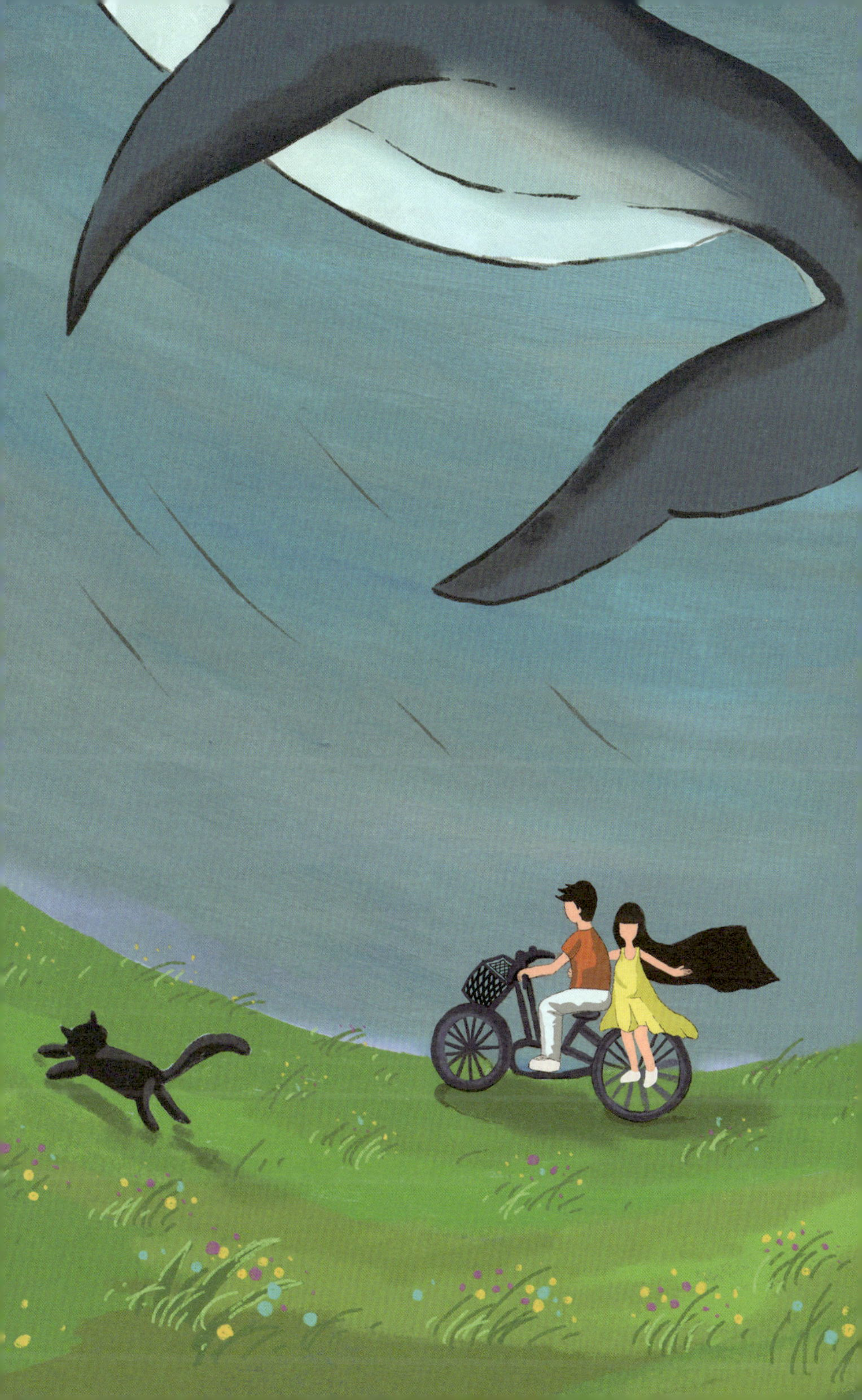

今天，我只做自己

/ 你的人生，有无限的可能 /

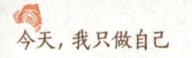

亲爱的，勇敢做你自己吧，你的人生，有无限的可能。

后记

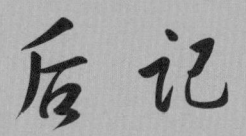

  亲爱的，感谢你抽空看完了这本绘本。通过它遇见你，我感到很开心，也感到很荣幸。

  生活中，除了焦虑、痛苦和纠结以外，还有不一样的活法，还有很多精彩的事情可以去做。当你用消极的情绪去面对困难，困难就变大了；当你用积极的情绪去面对困难，再大的困难也不算什么。走出阴霾之后，你会发现，原来还有很多美好的东西值得你去热爱。遇到问题时，学着换一种思考方式，向内心去寻找答案，关注自己内心的感受，你将发现所有的问题在你遇见另一个自己之后都迎刃而解了。

  亲爱的，世界那么大，人生那么长，愿你温柔地对待这个世界，也愿你被这个世界温柔以待。

懿婷